EL SORPRENDENTE LIBRO DE LAS RAREZAS MATEMÁTICAS

Últimos títulos publicados en esta colección:

J. Brockman, *Este libro le hará más inteligente*
H. Jahren, *La memoria secreta de las hojas*
J. Pereyra, *Las 4 fuerzas que rigen el universo*
H. Czerski, *¿Por qué a los patos no se les enfrían los pies?*
M. Launay, *La gran novela de las matemáticas*
Ch. Spence, *Gastrofísica*
F. Foer, *Un mundo sin ideas*
Z. Bauman, *Reflexiones sobre un mundo líquido*
N. deGrasse, *Astrofísica para gente con prisas*
A. Alter, *Irresistible*
R.-P. Droit, *Volver a ser niño*
M. Harris, *Solitud*
N. N. Taleb, *El lecho de Procusto*
L. Feldman Barret, *La vida secreta del cerebro*
A. Kenny, *Breve historia de la filosofía occidental*
N. Riggs, *Un momento extraordinario*
S. Westaby, *Vidas frágiles*
Z. Bauman, *Amor líquido*
S. Pinker, *En defensa de la Ilustración*
S. Pinker, *Los ángeles que llevamos dentro*
S. Pinker, *La tabla rasa*
M. Onfray, *Decadencia*
L. Sagnier, *Más cansadas que infelices*
K. J. Gergen, *El yo saturado*
T. Morton, *El pensamiento ecológico*
K. Armstrong, *La gran transformación*
C. Fine, *Testosterona rex*
R.-P. Droit, *La tolerancia explicada a todo el mundo*
F. Manes y M. Niro, *El cerebro del futuro*
N. N. Taleb, *Jugarse la piel*
S. Zweig, *Balzac*
S. Chemaly, *Enfurecidas*
Edgar Cabanas y Eva Illouz, *Happycracia*
E. Kandel, *La era del inconsciente*
E. Kandel, *La nueva biología de la mente*
N. Mandela, *El camino a la montaña*
C. López-Otín, *La vida en cuatro letras*
J. Baggini, *Cómo piensa el mundo*
T. Phillips, *Humanos*
M. Eliade, *Historia de las creencias y las ideas religiosas I*
M. Eliade, *Historia de las creencias y las ideas religiosas II*
M. S. Gazzaniga, *El instinto de la conciencia*
M. Mittelmeier, *Adorno en Nápoles*
M. Eliade, *Historia de las creencias y las ideas religiosas III*
T. Morton, *Ecología oscura*
D. Robson, *La trampa de la inteligencia*
D. Darling y A. Banerjee, *El sorprendente libro de las rarezas matemáticas*

DAVID DARLING Y AGNIJO BANERJEE

EL SORPRENDENTE LIBRO DE LAS RAREZAS MATEMÁTICAS

En el límite del infinito y más allá

Traducción de Pablo Hermida Lazcano

PAIDÓS Contextos

Título original: *Weird Maths. At the Edge of Infinity and Beyond*, de David Darling y Agnijo Banerjee
Esta edición ha sido publicada por acuerdo con Oneworld Publications

1.ª edición, octubre de 2019

Paidós es un sello editorial de Editorial Planeta, S. A.
Avda. Diagonal, 662-664
08034 Barcelona, España
www.paidos.com
www.planetadelibros.com

ISBN 978-84-493-3626-3
Fotocomposición: Realización Planeta
Depósito legal: B. 16.298-2019
Impresión y encuadernación en Huertas Industrias Gráficas, S. A.

El papel utilizado para la impresión de este libro es cien por cien libre de cloro y está calificado como papel ecológico.

Impreso en España – *Printed in Spain*

Las matemáticas son la creación más hermosa y más poderosa del espíritu humano.

STEFAN BANACH

Profundiza lo suficiente en cualquier tema y encontrarás las matemáticas.

DEAN SCHLICTER

SUMARIO

INTRODUCCIÓN

Las matemáticas son extrañas. Los números continúan para siempre, y hay diferentes clases de *para siempre*. Los números primos ayudan a sobrevivir a las cigarras. Una bola (matemática) puede cortarse en pedazos y luego unirse de nuevo, sin dejar ningún hueco, para formar una bola cuyo tamaño sea el doble o un millón de veces mayor que el original. Hay formas que tienen dimensiones fraccionarias y curvas que llenan un plano sin dejar huecos. Aburrido durante una presentación, el físico Stanislaw Ulam escribió números a partir del cero, en forma de espiral, marcó todos los números primos y descubrió que muchos se sitúan en largas diagonales, un hecho todavía no explicado del todo.

A veces olvidamos lo extrañas que son las matemáticas porque estamos muy acostumbrados a tratar con lo que parecen números y cálculos ordinarios, aquello que aprendemos en el colegio o que empleamos a diario. No obstante, resulta sorprendente el hecho de que nuestro cerebro sea tan hábil para pensar matemáticamente y, si así lo decidimos, para hacer matemáticas realmente complejas y abstractas. Después de todo, nuestros antepasados, decenas o centenares de miles de años atrás, no necesitaban resolver ecuaciones diferenciales ni aventurarse en el álgebra abstracta para sobrevivir el tiempo suficiente para transmitir sus genes a la siguiente generación. A la hora de buscar la próxima comida o un lugar donde refugiarse, de nada servía reflexionar sobre geometría en dimensiones superiores o sobre teorías de números primos. Sin embargo, nacemos dotados de un cerebro que posee el potencial para hacer tales cosas y para desvelar, cada año que pasa, verdades cada vez más extraordinarias acerca del universo matemático. La evolución nos ha proporcionado esta habilidad, pero ¿cómo y por qué? ¿Por qué somos, como especie, tan buenos haciendo algo que tiene todo el aspecto de ser un mero juego intelectual?

De algún modo, las matemáticas están entrelazadas con el tejido mismo de la realidad. Si profundizamos lo suficiente, descubrimos que lo que parecían trozos tangibles de materia o energía —electrones o fotones, por ejemplo—, se disuelven en inmaterialidad, convirtiéndose en meras ondas de probabilidad, y todo cuanto nos queda es una fantasmal tarjeta de visita en forma de algún intrincado, pero hermoso, conjunto de ecuaciones. En cierto sentido, las matemáticas apuntalan el mundo físico que nos rodea formando una infraestructura invisible. Pero también lo trascienden en ámbitos abstractos de posibilidad, que pueden continuar siendo para siempre puros ejercicios de la mente.

En este libro hemos optado por destacar algunas de las áreas más extraordinarias y fascinantes de las matemáticas, incluidas aquellas en las que se vislumbran en el horizonte nuevos desarrollos emocionantes. En ciertos casos, tienen vínculos con la ciencia y la tecnología: física de partículas, cosmología, ordenadores cuánticos y cosas por el estilo. En otros, se representan, al menos por ahora, como un fin en sí mismo, y son aventuras en un territorio desconocido que solo existe en la imaginación. Hemos decidido no esquivar ciertos temas solo porque sean arduos. Uno de los retos a la hora de describir numerosos aspectos de las matemáticas para un público general es la enorme distancia que los separa de la experiencia cotidiana. Pero, a la postre, siempre puede hallarse algún modo de conectar lo que están haciendo en la actualidad los exploradores y los pioneros en las fronteras de las matemáticas con el mundo de lo familiar, incluso si el lenguaje que tenemos que usar no es tan preciso como el que escogerían idealmente los académicos. Tal vez sea cierto que si algo, por oscuro que sea, no puede explicarse razonablemente bien a una persona de inteligencia normal, entonces es aquel que explica quien necesita mejorar su comprensión.

Este libro nació de una manera inusual. Uno de nosotros (David) es un autor científico desde hace más de treinta y cinco años, y ha escrito numerosos libros sobre astronomía, cosmología, física y filosofía, e incluso una enciclopedia de matemáticas recreativas. El otro (Agnijo) es un matemático joven y brillante, y un niño prodigio (con un coeficiente intelectual —CI— al menos de 162, según Mensa) que, en el momento de redactar este libro, acaba de terminar en Hungría su preparación para la Olimpiada Internacional de Matemáticas de 2017. Agnijo empezó a recibir clases particulares de matemáticas y ciencias de David a los doce años. Tres años después, decidimos escribir juntos un libro.

Nos sentamos a hacer una lluvia de ideas sobre los temas que queríamos cubrir. David, por ejemplo, propuso las dimensiones superiores, la filosofía de las matemáticas y las matemáticas de la música, en tanto que Agnijo tenía muchas ganas de escribir sobre los números grandes (su pasión personal), la computación y los misterios de los números primos. Desde el primer instante decidimos inclinarnos hacia cualquier cosa inusual o realmente rara, y conectar, en la medida de lo posible, estas matemáticas extrañas con temas del mundo real y con la experiencia cotidiana. También nos comprometimos a no huir de los asuntos por el mero hecho de que fueran complejos, y adoptamos como un mantra que si no eres capaz de explicar algo en un lenguaje sencillo, entonces no lo entiendes adecuadamente. En general, David se ha encargado de los aspectos históricos, filosóficos y anecdóticos de cada capítulo, mientras que Agnijo se ha peleado con los aspectos más técnicos. Agnijo ha revisado y verificado el trabajo de David, y David ha organizado todo lo escrito en capítulos completos. ¡Todo ha funcionado sorprendentemente bien! Esperamos que disfrutes del resultado.

UNA NOTA PARA EL LECTOR

Al hojear las páginas de este libro, advertirás que contiene algunos símbolos como x, ω (omega) e incluso el extraño $\aleph$ (álef). Encontrarás de forma ocasional una ecuación o una combinación de caracteres que se te antojará desconocida, como $3\uparrow\uparrow 3\uparrow\uparrow 3$ (especialmente en los capítulos sobre los números grandes y el infinito). Si no eres matemático, no te desanimes. No son sino taquigrafía para las ideas que intentaremos explicar debidamente de antemano, y nos ayudarán a indagar en el tema en cuestión con algo más de rapidez y profundidad de la que sería posible sin estos recursos. Uno de nosotros (David) lleva muchos años impartiendo clases particulares de matemáticas, y todavía no ha conocido a ningún estudiante al que estas no se le den bien una vez que cree en sí mismo. Lo cierto es que todos somos matemáticos por naturaleza, nos demos cuenta o no de ello. Así pues, teniendo esto presente, aventurémonos...

CAPÍTULO 1

Las matemáticas detrás del mundo

> Han ocurrido cosas más extrañas todavía; y quizá la más extraña de todas sea la maravilla de que las matemáticas sean posibles para una raza parecida a los simios.
>
> ERIC T. BELL, *Historia de las matemáticas*

> La física es matemática no por lo mucho que sabemos sobre el mundo físico, sino por lo poco que sabemos; sus propiedades matemáticas son las únicas que somos capaces de descubrir.
>
> BERTRAND RUSSELL

En cuanto a su capacidad intelectual, el *Homo sapiens* apenas ha cambiado a lo largo de los últimos cien mil años. Si metiéramos en una escuela actual a los niños de la época en la que los rinocerontes y los mastodontes lanudos todavía vagaban por la tierra, se desarrollarían igual de bien que los típicos jóvenes del siglo XXI. Su cerebro asimilaría la aritmética, la geometría y el álgebra. Y, si sintieran esa inclinación, nada les impediría profundizar en el tema y tal vez llegarían a ser algún día profesores de matemáticas en Cambridge o en Harvard.

Nuestro aparato neuronal desarrolló el potencial para hacer cálculos avanzados y para comprender cosas tales como la teoría de conjuntos y la geometría diferencial, mucho antes de aplicarse en este sentido. De hecho, resulta un tanto misterioso *por qué* tenemos este talento innato para las matemáticas superiores, cuando estas carecen de un valor evidente para la supervivencia. Al mismo tiempo, la razón por la cual surgió y sobrevivió nuestra especie es que tenía una ventaja sobre sus rivales en lo que atañe a la inteligencia y a la capacidad de pensar lógicamente, planear con antelación y preguntar «¿Y si...?». A falta de otras destrezas para la supervivencia, tales como la velocidad y la fuerza, nuestros antepasados se vieron obligados a depender de su astucia y de su previsión. La capacidad de pensamiento lógico se convirtió en nuestro gran superpoder, y, con el tiempo, dimanaría de ella nuestra facultad de comunicarnos de una manera compleja, de simbolizar y de comprender en términos racionales el mundo que nos rodea.

Como todos los animales, hacemos, en efecto, muchas matemáticas difíciles sobre la marcha. El simple acto de coger una pelota (o de evitar a los depredadores o de cazar una presa) implica resolver simultáneamente múltiples ecuaciones a alta velocidad. Si intentamos programar un robot para que haga lo mismo, la complejidad de los cálculos implicados es evidente. Pero la gran fortaleza de los humanos era su capacidad para pasar de lo concreto a lo abstracto, analizar las situaciones, hacer preguntas del tipo «Si..., entonces...» y planear con antelación.

El nacimiento de la agricultura conllevó la necesidad de seguir con precisión el ritmo de las estaciones, y la aparición del comercio y las comunidades asentadas significó la necesidad de llevar a cabo transacciones y llevar las cuentas. Estos dos propósitos prácticos, los calendarios y las transacciones comerciales, requerían el desarrollo de alguna clase de cálculo, y de este modo hicieron su aparición las matemáticas elementales. Una de las regiones en las que surgió fue Oriente Medio. Los arqueólogos han desenterrado fichas comerciales de arcilla sumerias que se remontan a alrededor del año 8000 a. C. que demuestran que aquellas personas manejaban representaciones del número. Pero, al parecer, en ese periodo temprano, no trataban el concepto como separado de la cosa contada. Por ejemplo, disponían de fichas de diferentes formas para cosas diferentes, como las ovejas o las tinajas de aceite. Cuando las partes tenían que intercambiarse muchas fichas, estas se sellaban en el interior de recipientes llamados *bullae*, que tenían que romperse para abrirlas, a fin de comprobar su contenido. Con el tiempo, comenzaron a aparecer marcas en las *bullae* para indicar cuántas fichas había en su interior. Las representaciones simbólicas evolucionaron entonces hacia un sistema numérico escrito, en tanto que las fichas llegaron a generalizarse para contar cualquier clase de objetos y, finalmente, se transformaron en una forma temprana de sistema monetario. A lo largo del camino, el concepto de número se abstrajo del tipo de objeto contado,

Los egipcios tenían un buen conocimiento de las matemáticas prácticas y lo aplicaron a la construcción de la pirámide de Kefrén, en Guiza, mostrada aquí junto a la *Gran Esfinge*.

de suerte que, por ejemplo, cinco, era cinco, tanto si se refería a cinco cabras como a cinco hogazas de pan.

La conexión entre las matemáticas y la realidad cotidiana parece fuerte en aquella etapa. El cálculo y el mantenimiento de registros son herramientas prácticas del agricultor y del comerciante, y si esos métodos cumplen su misión, ¿a quién le importa la filosofía que hay detrás? La aritmética simple parece bien arraigada en el mundo «de ahí fuera»: una oveja más una oveja son dos ovejas, dos ovejas más dos ovejas son cuatro ovejas. Nada podría ser más sencillo. Ahora bien, si observamos con más atención, vemos que ha sucedido ya algo un tanto extraño. Al decir «una oveja y una oveja», se está asumiendo que las ovejas son idénticas o, al menos, a efectos del cálculo, que las diferencias no importan. Pero no hay dos ovejas iguales. Lo que hemos hecho es abstraer una cualidad percibida que tiene que ver con la oveja (su identidad o singularidad) y operar sobre esta cualidad con otra abstracción, que denominamos *adición*. Se trata de un gran paso. En la práctica, sumar una oveja y una oveja puede significar ponerlas juntas en el mismo campo. Pero, también en la práctica, las ovejas son diferentes, y, ahondando un poco más, lo que llamamos *oveja* —como cualquier otro elemento del mundo— no está separado en realidad del resto del universo. Además, tenemos el hecho ligeramente inquietante de que lo que consideramos objetos (como las ovejas) que están «ahí fuera» son construcciones de nuestro cerebro, creadas por señales que penetran en nuestros sentidos. Incluso si aceptamos que una oveja posee alguna realidad externa, la física nos dice que se trata de un ensamblaje temporal enormemente complejo de partículas subatómicas en flujo constante. Sin embargo, de algún modo, al contar ovejas somos capaces de ignorar esta monumental complejidad, o, más bien, en la vida cotidiana, ni siquiera somos conscientes de ella.

De todas las disciplinas, la matemática es la más precisa e inmutable. La ciencia y otros ámbitos de la actividad humana son, a lo sumo, aproximaciones a algún ideal, y no cesan de cambiar y evolucionar a lo largo del tiempo. Como señalara el matemático alemán Hermann Hankel: «En la mayoría de las ciencias, una generación derriba lo que otra ha construido, y lo que una ha establecido otra lo deshace. Solo en las matemáticas cada generación añade un nuevo piso a la vieja estructura». Desde el principio, esta diferencia entre las matemáticas y cualquier otra disciplina resulta inevitable, pues en las matemáticas la mente empieza por extraer aquello que reconoce como más fundamental y constante entre los mensajes que recibe a través de los sentidos. Esto conduce al concepto de *número natural*, como una forma de medir la cantidad, y de *adición* y *sustracción*, como formas básicas de combinar cantidades. Unidad, dualidad, trinidad, y así sucesivamente, se consideran rasgos comunes de conjuntos de cosas, cualesquiera que esas cosas resulten ser y por muy diferentes que sean los individuos del mismo tipo de cosa. Así pues, el hecho de que las matemáticas posean esta cualidad adamantina y eterna está garantizado desde el comienzo y supone su mayor fortaleza.

Las matemáticas existen. De eso no cabe la menor duda. El teorema de Pitágoras, por ejemplo, forma parte de nuestra realidad de algún modo. Ahora bien, *¿dónde* existen cuando no están siendo usadas ni ejemplificadas en alguna forma material, y dónde *existían* hace muchos miles de años, antes de que alguien hubiera pensado en ellas? Los platónicos creen que los objetos matemáticos, tales como los números, las formas geométricas y las relaciones entre ellos, existen independientemente de nosotros, de nuestros pensamientos, de nuestro lenguaje y del universo físico. No especifican qué clase de reino etéreo habitan, pero suponen habitualmente que están «ahí fuera». Probablemente sea justo decir que la mayoría de los matemáticos participan de esta escuela de pensamiento y, por consiguiente, también de la creencia de que las matemáticas se descubren, no se inventan. Además, probablemente la mayoría de ellos no propenden a filosofar y se contentan con continuar haciendo matemáticas, del mismo modo que a la mayoría de los físicos, al trabajar en el laboratorio o al resolver problemas teóricos, no les preocupa mucho la metafísica. Con todo, la naturaleza última de las cosas —en este caso, de las cosas matemáticas— es interesante, incluso si nunca llegamos a una respuesta definitiva. El matemático y lógico prusiano Leopold Kronecker pensaba que solo los números enteros eran dados, o en sus palabras: «Dios hizo los números enteros; todo el resto es obra del hombre». El astrofísico inglés Arthur Eddington fue más allá al afirmar: «Las matemáticas no están ahí hasta que nosotros las ponemos ahí». El debate sobre si las matemáticas son inventadas o descubiertas, o acaso una combinación de ambas cosas surgida de una sinergia de la mente y la materia, seguirá coleando, sin duda, y, en última instancia, puede que no admita una respuesta simple.

Un hecho está claro: si se ha demostrado la verdad de un elemento matemático, este seguirá siendo verdadero para siempre. No es una cuestión de opiniones ni depende de influencias subjetivas. «Me gustan las matemáticas —observaba Bertrand Russell— porque no son humanas y no tienen nada que ver en particular con este planeta ni con la totalidad del universo accidental». David Hilbert expresó algo similar: «Las matemáticas no entienden de razas ni de fronteras geográficas; para las matemáticas, el mundo cultural es un solo país». Esta cualidad universal e impersonal de las matemáticas es su mayor fortaleza, si bien, para el ojo entrenado, no desmerece su atractivo estético. «La belleza es la primera prueba: no existe ningún lugar permanente en el mundo para las matemáticas feas», observa el matemático inglés G. H. Hardy. El mismo sentimiento, pero desde el campo de la física teórica, fue expresado por Paul Dirac: «Uno de los rasgos esenciales de la naturaleza parece ser que las leyes físicas fundamentales se describen en términos de una teoría matemática de gran belleza y poder».

No obstante, la otra cara de la universalidad de las matemáticas es que pueden parecer frías y estériles, desprovistas de pasión y sentimiento. Como resultado podemos encontrarnos con que, aunque los seres inteligentes de otros mundos compartan nuestras mismas matemáticas, estas no sean la mejor forma de comunicarnos con ellos sobre muchas de las cosas que nos importan. «Muchos sugieren el uso de las matemáticas para hablar con los alienígenas», comenta Seth Shostak, investigador del Search for Extraterrestrial Intelligence (SETI). De hecho, el matemático neerlandés Hans Freudenthal desarrolló un lenguaje entero (Lincos) basado en esta idea. «Ahora bien —dice Shostak—, mi opinión personal es que las matemáticas pueden ser un modo arduo de describir ideas tales como *amor* o *democracia.*»

El objetivo último de los científicos, ciertamente de los físicos, es reducir lo que observan en el mundo a una descripción matemática. Los cosmólogos, los físicos de partículas y similares nunca se sienten más felices que cuando han medido y cuantificado cosas, y luego han descubierto una relación entre las cantidades. La idea de que el universo es matemático en su núcleo posee raíces antiguas, que se remontan cuando menos a los pitagóricos. Galileo veía el mundo como un «gran libro» escrito en el lenguaje de las matemáticas, y, mucho más recientemente, en 1960, el físico y matemático húngaro-estadounidense Eugene Wigner escribió un artículo titulado «The Unreasonable Effectiveness of Mathematics in the Natural Sciences» [La irrazonable eficacia de las matemáticas en las ciencias naturales].

No vemos los números directamente en el mundo real, por lo que no resulta evidente de inmediato que las matemáticas estén a nuestro alrededor. Pero sí que vemos las formas —la forma cuasi esférica de los planetas y las estrellas, la trayectoria curva de los objetos cuando se lanzan o están en órbita, la simetría de los copos de nieve, y así sucesivamente—, y estas pueden describirse mediante relaciones entre números. Otros patrones, traducibles a las matemáticas, surgen de la forma en que se comportan la electricidad o el magnetismo, rotan las galaxias y actúan los electrones dentro de los confines de los átomos. Estos patrones, y las ecuaciones que los describen, sustentan acontecimientos individuales y parecen representar verdades intemporales y profundas, que subyacen a la complejidad cambiante en la que nos encontramos. El físico alemán Heinrich Hertz, que demostró de manera concluyente por primera vez la existencia de ondas electromagnéticas, observaba: «Es inevitable la sensación de que estas fórmulas matemáticas poseen una existencia independiente y una inteligencia propia, que son más sabias que nosotros, más sabias incluso que sus descubridores, que sacamos de ellas más de lo que fue puesto en ellas originalmente».

Es indiscutiblemente cierto que la base de la ciencia moderna es de naturaleza matemática. Ahora bien, eso no significa necesariamente que la realidad misma sea fundamentalmente matemática. Desde la época de Galileo, la ciencia ha separado lo subjetivo de lo objetivo o mensurable, y se ha centrado en esto último. Ha hecho todo lo posible por desalojar todo lo que tenga algo que ver con el observador y por prestar atención solo a aquello que supuestamente yace más allá de las intromisiones y las influencias del cerebro y los sentidos. La forma en la que se ha desarrollado la ciencia moderna garantiza prácticamente que esta sea de naturaleza matemática. Pero esto deja muchas cosas que la ciencia tiene problemas para abordar, especialmente la conciencia. Puede que algún día dispongamos de un modelo bueno y exhaustivo del funcionamiento del cerebro en lo que atañe a la memoria, el procesamiento visual y demás. Pero la razón por la que tenemos también una experiencia interna, un sentimiento de «lo que significa ser», sigue estando —y tal vez permanezca siempre— fuera del ámbito de la ciencia convencional y, por extensión, de las matemáticas.

Por un lado, los platónicos creen que las matemáticas son un territorio ya existente, a la espera de nuestra exploración. Por otro lado, están aquellos que insisten en que nosotros inventamos las matemáticas conforme avanzamos en la consecución de nuestros propósitos. Ambas posiciones tienen sus puntos débiles. Los platónicos se afanan por explicar dónde pueden estar cosas como pi (π) fuera del universo físico o de la mente inteligente. Los no pla-

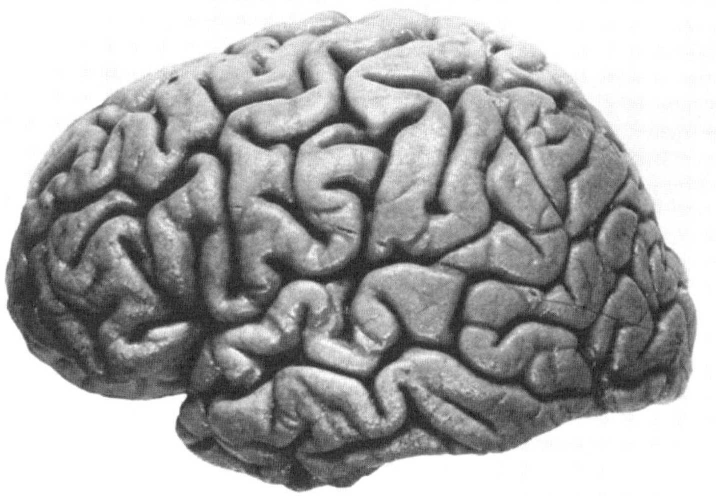

¿Por qué ha evolucionado el cerebro humano para ser tan extraordinariamente bueno en un ámbito, las matemáticas, que no necesita para la supervivencia?

tónicos tienen dificultades para negar el hecho de que, por ejemplo, los planetas continuarían orbitando en elipses alrededor del Sol con independencia de que hagamos o no matemáticas. Una tercera escuela de filosofía matemática ocupa una posición intermedia entre las otras dos, y señala que, al describir el mundo real, las matemáticas no tienen tanto éxito como a veces se da a entender. Sí, las ecuaciones son útiles para decirnos cómo dirigir una nave espacial a la Luna o a Marte, o para diseñar un nuevo avión o para predecir el tiempo con varios días de antelación. Pero estas ecuaciones son meras aproximaciones a la realidad de lo que pretenden describir y, además, solo se aplican a una pequeña porción de todas las cosas que acontecen a nuestro alrededor. Al pregonar el éxito de las matemáticas, diría el realista, restamos importancia a la inmensa mayoría de los fenómenos que son demasiado complejos o mal comprendidos para captarlos de forma matemática, o que, por su propia naturaleza, son irreductibles a esta clase de análisis.

¿Es posible que el universo no sea matemático en realidad? Después de todo, el espacio y los objetos que contiene no nos presentan directamente nada matemático. Los humanos racionalizamos y hacemos aproximaciones con el fin de modelizar aspectos del universo. Al hacerlo, las matemáticas nos resultan extremadamente útiles al permitirnos entenderlo. Eso no implica necesariamente que las matemáticas sean algo más que una cómoda creación nuestra. Ahora bien, si las matemáticas no están presentes de entrada en el universo, ¿cómo podemos ser capaces de inventarlas con tal propósito?

Las matemáticas se dividen, a grandes rasgos, en dos áreas: puras y aplicadas. Las matemáticas puras son las matemáticas como un fin en sí mismo. Las matemáticas aplicadas ponen a trabajar sus asuntos en los problemas del mundo real. Pero, con frecuencia, los desarrollos en las matemáticas puras, que aparentemente no guardan relación alguna con nada tangible, se han revelado más tarde sorprendentemente útiles para los científicos y los ingenieros. En 1843, el matemático irlandés William Hamilton fraguó la idea de los cuaterniones, generalizaciones tetradimensionales de números ordinarios sin ningún interés práctico en su momento, pero que, más de un siglo después, han resultado ser una herramienta eficaz en robótica y en gráficos por ordenador y videojuegos. Una cuestión abordada por primera vez por Johannes Kepler en 1611, acerca de la manera más eficiente de empaquetar esferas en el espacio tridimensional, se ha aplicado a la transmisión eficiente de información a través de canales ruidosos. La disciplina matemática más pura, la teoría de números, buena parte de la cual se pensaba que apenas poseía valor práctico, ha conducido a avances importantes en el desarrollo de cifrados seguros. Y la nueva geometría iniciada por Bernhard Riemann, que se ocupaba de las superficies curvas, se reveló ideal para la formulación de la teoría general de la relatividad de Einstein —una nueva teoría de la gravedad—, más de cincuenta años después.

En julio del año 1915, uno de los científicos más grandes de todos los tiempos conoció a uno de los matemáticos más grandes de la época, cuando Albert Einstein visitó a David Hilbert en la

Universidad de Gotinga. El diciembre siguiente, ambos publicaron casi simultáneamente las ecuaciones que describían el campo gravitatorio de la teoría general de Einstein. Pero mientras que las ecuaciones mismas eran el objetivo para Einstein, Hilbert confiaba en que fueran un escalón hacia un plan más ambicioso todavía. La pasión de Hilbert, la fuerza motriz que impulsaba buena parte de su labor, era la búsqueda de los principios fundamentales o axiomas que podrían subyacer a todas las matemáticas. Parte de esta búsqueda, tal como él la concebía, consistía en descubrir un conjunto mínimo de axiomas a partir de los cuales pudiera deducir no solo las ecuaciones de la teoría general de Einstein, sino también cualquier otra teoría física. Kurt Gödel, con sus teoremas de incompletitud, minó la fe en la idea de que las matemáticas pudieran tener las respuestas a todas las preguntas. No obstante, seguimos sin saber con certeza hasta qué punto el mundo en el que vivimos es verdaderamente matemático o solo matemático en apariencia.

Puede que nunca se lleven a la práctica áreas enteras de las matemáticas, más allá de contribuir a abrir nuevas vías de investigación pura. Por otra parte, hasta donde sabemos, es posible que buena parte de las matemáticas puras se represente, de formas inesperadas, en el universo físico, o, si no en este universo, entonces en otros que podrían existir a través de lo que los cosmólogos sospechan que es un multiverso de escala incomprensible. Quizá todo aquello que sea matemáticamente verdadero y válido esté representado en algún lugar, en algún tiempo y de algún modo en la realidad en la que nos hallamos insertos. Por el momento, nuestro viaje nos mantendrá ocupados: la extraña y maravillosa aventura de la mente humana en su exploración incesante de las fronteras del número, el espacio y la razón.

En los capítulos siguientes nos sumergiremos en temas extraños y asombrosos que, al mismo tiempo, tienen conexiones muy reales con el mundo que conocemos. Cierto es que hay partes de las matemáticas que pueden antojarse esotéricas, fantasiosas e incluso carentes de sentido, como un extraño y enrevesado juego de la imaginación. Pero, en su núcleo, las matemáticas son un asunto práctico, enraizado en el comercio, la agricultura y la arquitectura. Aunque se han desarrollado de formas que nuestros antepasados jamás podrían haber soñado, esos vínculos con nuestra vida cotidiana permanecen todavía en su corazón.

CAPÍTULO 2

Cómo ver en 4D

> Una de las características más extrañas de la teoría de cuerdas es que requiere más de las tres dimensiones espaciales que vemos directamente en el mundo que nos rodea. Esto suena a ciencia ficción, pero es un resultado incuestionable de la teoría de cuerdas.
>
> Brian Greene

Vivimos en un mundo de tres dimensiones: arriba y abajo, de lado a lado, y hacia atrás y hacia delante, o cualesquiera otras tres direcciones que formen ángulos rectos entre sí. Resulta fácil imaginar algo en una dimensión, como una línea recta, o dos dimensiones, como un cuadrado dibujado en una hoja de papel. Ahora bien, ¿cómo podemos aprender a ver en una dimensión adicional a aquellas con las que estamos familiarizados? ¿Dónde está esta dirección adicional que es perpendicular a las tres que conocemos?

Estas preguntas pueden antojarse puramente académicas. Si nuestro mundo es tridimensional, ¿por qué preocuparnos de 4D, 5D, etcétera? El caso es que la ciencia puede necesitar dimensiones superiores para explicar lo que sucede en el plano subatómico. Estas dimensiones adicionales pueden contener la clave para la comprensión del gran esquema de la materia y la energía. Mientras tanto, en un ámbito más práctico, si pudiéramos aprender a ver en 4D, dispondríamos de una herramienta nueva y poderosa para su uso en medicina y educación.

A veces, la cuarta dimensión se considera algo distinto de una dirección extra en el espacio. Después de todo, la palabra *dimensión*, del latín *dimensio, -onis*, significa simplemente «medida». En física, se considera que las dimensiones básicas que conforman los componentes esenciales de otras cantidades son la longitud, la masa, el tiempo y la carga eléctrica. Con mucha frecuencia, en un contexto diferente, los físicos hablan de tres dimensiones del espacio y una del tiempo, especialmente desde que Albert Einstein demostró que, en el mundo en que vivimos, el espacio y el tiempo están siempre vinculados entre sí en una entidad única denominada *espaciotiempo*. No obstante, incluso antes de la aparición de la teoría de la relatividad, se había especulado con la posibilidad de moverse hacia atrás y hacia delante a lo largo de la dimensión temporal, al igual que podemos movernos en cualquier dirección que deseemos en el espacio. En su novela *The Time Machine (La máquina del tiempo)*,* publicada en 1895, H. G. Wells explica que no puede existir, por ejemplo, un cubo instantáneo. El cubo que vemos momento a momento es solo una sección transversal de una cosa tetradimensional que tiene longitud, anchura, profundidad *y duración*. «No existe diferencia —dice el Viajero del Tiempo— entre el tiempo y cualquiera de las tres dimensiones de espacio, excepto que nuestra conciencia se mueve a lo largo de este.»

Los victorianos también se sentían fascinados por la idea de una cuarta dimensión del espacio, tanto desde un punto de vista matemático como por las posibilidades que parecía ofrecer de explicar otra obsesión de la época: el espiritismo. El final del siglo XIX fue un periodo en el que muchas personas, incluidas lumbreras tales como Arthur Conan Doyle, Elizabeth Barrett Browning

* Madrid, Valdemar, 2011. *[Todas las notas al pie, N. del t.]*

y William Crookes, se sentían atraídas por las afirmaciones de los médiums y la posibilidad de comunicarse con los muertos. La gente se preguntaba si el más allá podría existir en una cuarta dimensión paralela o superpuesta a la nuestra, de suerte que los espíritus de los difuntos pudieran ingresar con facilidad en nuestro reino material y regresar de nuevo.

Nuestra incapacidad de visualizar en dimensiones superiores hace tentador pensar que la cuarta dimensión es un tanto misteriosa o ajena a cualquier cosa que conocemos. Los matemáticos, sin embargo, no tienen problemas para trabajar con objetos o espacios tetradimensionales, pues no necesitan imaginar cómo son estos en realidad para describir sus propiedades. Estas propiedades pueden descubrirse utilizando el álgebra y el cálculo, sin tener que recurrir a ninguna gimnasia mental multidimensional. Comencemos con una circunferencia, por ejemplo. Una circunferencia es una curva formada por todos los puntos de un plano que se encuentran a la misma distancia (el radio) de un punto dado (el centro). Al igual que la línea recta, solo tiene longitud —ni anchura ni altura—, por lo que es una cosa unidimensional. Imagínate que estás situado y constreñido en una línea. La única libertad de movimiento que tendrías sería a lo largo de la línea, en uno u otro sentido. Lo mismo sucede con una circunferencia. Aunque la circunferencia existe en un espacio al menos de dos dimensiones, si estuvieras situado y confinado dentro de la circunferencia, no tendrías ni más ni menos libertad de movimiento que si estuvieses situado en una línea. Solo podrías avanzar o retroceder a lo largo de la circunferencia, efectivamente atado a una única dimensión del movimiento.

Los no matemáticos piensan a veces que una circunferencia incluye también su interior. Pero una «circunferencia rellena» para un matemático no es una circunferencia, sino un objeto muy diferente llamado *disco*. Una circunferencia es un objeto unidimensional que puede «insertarse» en un objeto bidimensional, un plano (una circunferencia finamente trazada en una hoja de papel se aproxima a ello). La longitud o perímetro de una circunferencia viene dada por $2\pi r$, donde r es el radio, y el área delimitada por la circunferencia es πr^2. Al ascender una dimensión, llegamos a la esfera, constituida por todos los puntos situados a la misma distancia de un punto dado en un espacio tridimensional. Una vez más, el lego puede confundir una esfera auténtica, que es solo una superficie bidimensional, con el objeto que incluye asimismo todos los puntos delimitados por esta superficie. Pero los matemáticos establecen de nuevo una distinción tajante y designan esto último como *bola*. Una esfera es un objeto bidimensional que puede insertarse en un espacio tridimensional. Tiene un área superficial de $4\pi r^2$ y delimita un volumen de $\frac{4}{3}\pi r^3$. Dado que una esfera ordinaria es bidimensional, los matemáticos la denominan 2-esfera, mientras que una circunferencia, empleando el mismo sistema de denominación, es una 1-esfera. Las esferas de dimensiones superiores se definen como hiperesferas y pueden etiquetarse de la misma forma. La hiperesfera más simple, la 3-esfera, es un objeto tridimensional inserto en un espacio tetradimensional. No podemos captar esto en nuestra imaginación, pero podemos comprenderlo por analogía. Al igual que una circunferencia es una línea curva y una (2-)esfera ordinaria es una superficie curva, una 3-esfera es un volumen curvo. Mediante un sencillo cálculo, los matemáticos pueden demostrar que este volumen curvo viene dado por $2\pi^2 r^3$. Es la 3-esfera equivalente al área superficial de una esfera ordinaria y se designa asimismo como hiperárea cúbica o volumen superficial. El espacio tetradimensional delimitado por una 3-esfera tiene un volumen tetradimensional, o hipervolumen cuártico, de $\frac{1}{2}\pi^2 r^4$. Demostrar estos datos relativos a la 3-esfera no es mucho más difícil que demostrarlos para la circunferencia o la esfera ordinaria, y no implica tener que comprender cómo es en realidad una 3-esfera.

Análogamente, podemos afanarnos por captar el aspecto auténtico de un cubo tetradimensional o *teseracto,* aunque, como veremos, podemos tratar de representarlo en dos o tres dimensiones. Pero resulta sencillo describir la progresión del cuadrado al cubo al teseracto: un cuadrado tiene 4 vértices (esquinas) y 4 aristas; un cubo tiene 8 vértices, 12 aristas y 6 caras; un teseracto tiene 16 vértices, 32 aristas, 24 caras y 8 celdas (los equivalentes tridimensionales de las caras) que consisten en cubos. Este último dato es el que desafía nuestras tentativas de visualización: un teseracto tiene 8 celdas cúbicas dispuestas de tal manera que delimitan un espacio tetradimensional, al igual que un cubo tiene 6 caras cuadradas dispuestas de tal manera que delimitan un espacio tridimensional.

Lo mejor que podemos hacer normalmente para asimilar la cuarta dimensión es trazar analogías con la tercera. Por ejemplo, si preguntamos: «¿Cómo sería un hiperespacio tetradimensional si atravesara nuestro espacio?», podemos hacernos una idea al considerar lo que sucede si una esfera atraviesa un plano. Supongamos que existen seres bidimensionales que habitan ese plano. Al observar la superficie de su mundo, que es todo cuanto pueden hacer, solo ven puntos o líneas de diferente longitud, que solo pueden interpretar como figuras bidimensionales. Cuando nuestra esfera en 3D entra en contacto inicialmente con su espacio en 2D, la ven como un punto, que luego crece hasta convertirse en una circunferencia, que alcanza un diámetro máximo igual al diámetro de la esfera, antes de que la circunferencia se contraiga de nuevo hasta convertirse en un punto y luego desaparezca, cuando la esfera atraviese el plano. Análogamente, si una 4-esfera se intersecara con nuestro espacio, la veríamos como un punto que se expandiría, como una burbuja, hasta convertirse en una esfera tridimensional de tamaño máximo antes de contraerse y finalmente desaparecer. La auténtica naturaleza —la extradimensionalidad— de la 4-esfera permanecería oculta para nosotros, aunque su misteriosa aparición, crecimiento y desaparición probablemente nos llevarían a preguntarnos qué está sucediendo.

Los seres tetradimensionales tendrían poderes aparentemente mágicos en nuestro mundo. Por ejemplo, podrían coger un zapato del pie derecho, darle la vuelta en la cuarta dimensión y volver a ponérselo en el pie izquierdo. Si esto resulta difícil de entender, pensemos en un zapato bidimensional, que sería como una suela infinitamente fina con forma de uno u otro pie. Podríamos recortar una forma semejante en un papel, levantarla, darle la vuelta y volver a bajarla, con lo que habríamos cambiado su lateralidad para el pie. A una criatura de 2D esto le resultaría totalmente asombroso, pero, para nosotros, con el beneficio de la dimensión extra, el truco nos parecería evidente.

En principio, un ser de 4D podría dar la vuelta a una persona (en 3D) completa en la cuarta dimensión, aunque la ausencia de casos de personas en las que de repente todo se ha invertido de derecha a izquierda o de izquierda a derecha sugiere que esto no ha sucedido en realidad. En su relato breve «The Plattner Story» («La historia de Plattner»),* H. G. Wells describe el extraordinario caso de Gottfried Plattner, un profesor que desaparece durante nueve días a raíz de una explosión en el laboratorio de química de un colegio. A su regreso, es efectivamente una imagen especular de su yo anterior, aunque sus recuerdos de lo que había ocurrido durante el periodo de ausencia se reciben con incredulidad. Que te invirtieran de verdad en la cuarta dimensión sería malo para tu salud, aparte de la conmoción de verte diferente en el espejo (las caras son sorprendentemente asimétricas). Muchas de las sustancias químicas cruciales de nuestro cuerpo, incluida la glucosa y la mayoría de los aminoácidos, poseen una cierta lateralidad. Las moléculas de ADN, por ejemplo, que adoptan la forma de doble hélice, giran siempre como una rosca de tornillo. Si se invirtiera la lateralidad de todas estas sustancias químicas, moriríamos rápidamente de malnutrición, porque muchos de los nutrientes esenciales de nuestra comida, de las plantas y los animales, tendrían una forma que no podríamos asimilar.

* En *La historia de Plattner y otras narraciones*, Madrid, Valdemar, 2007.

El interés matemático en una cuarta dimensión espacial surgió en la primera mitad del siglo XIX con la obra del alemán Ferdinand Möbius. Este es recordado sobre todo por su estudio de una figura que lleva su nombre, la banda de Möbius, y como pionero del campo conocido como *topología*. Fue él quien advirtió que, en una cuarta dimensión, una forma tridimensional podía rotarse hasta convertirse en su imagen especular. En la segunda mitad del siglo XIX, tres matemáticos sobresalieron como exploradores del nuevo ámbito de la geometría multidimensional: el suizo Ludwig Schläfli, el inglés Arthur Cayley y el alemán Bernhard Riemann.

Schläfli comenzaba su obra maestra, *Theorie der Vielfachen Kontinuität* [Teoría de la continuidad múltiple], diciendo: «El tratado [...] es un intento de fundar y desarrollar una nueva rama de análisis que sería, por así decirlo, una geometría de n dimensiones, que contendría la geometría del plano y del espacio como casos especiales para $n=2,3$». Proseguía describiendo análogos multidimensionales de polígonos y poliedros, que denominaba *poliesquemas*. Estos se conocen hoy habitualmente como *politopos*, un término acuñado por el matemático alemán Reinhold Hoppe e introducido entre los investigadores ingleses por Alicia Boole Stott, hija del matemático y lógico inglés George Boole, que ideó el álgebra booleana, y Mary Everest Boole, matemática autodidacta que escribió sobre el tema.

A Schläfli se le atribuye, asimismo, el descubrimiento de los equivalentes de dimensiones superiores de los sólidos platónicos. Un sólido platónico es una forma convexa (con todas las esquinas señalando hacia fuera) con caras poligonales regulares y con el mismo número de caras encontrándose en cada esquina. Son cinco en total: el cubo, el tetraedro, el octaedro, el dodecaedro (de 12 caras) y el icosaedro (de 20 caras). Los equivalentes tetradimensionales de los sólidos platónicos son los 4-politopos regulares (también llamados *polícoros*), que Schläfli descubrió que eran seis, nombrados en función de su número de celdas. El 4-politopo más simple es el 5-celda, que tiene 5 celdas tetraédricas, 10 caras triangulares, 10 aristas y 5 vértices, y es análogo al tetraedro. Luego está el 8-celda, o teseracto, y su «doble», el 16-celda, obtenido al reemplazar las celdas por vértices, las caras por aristas, y viceversa. El 16-celda tiene 16 celdas tetraédricas, 32 caras triangulares, 24 aristas y 8 vértices, y es el análogo tetradimensional del octaedro. Otros dos 4-politopos son el 120-celda, un análogo del dodecaedro, y el 600-celda, un análogo del icosaedro. Finalmente está el 24-celda, que tiene 24 celdas octaédricas y ningún equivalente tridimensional. Schläfli descubrió que curiosamente el número de politopos regulares convexos es el mismo en todas las dimensiones superiores: solo tres.

Mediante los trabajos de Cayley, Riemann y otros, los matemáticos aprendieron a hacer álgebra compleja en 4D y a ramificarse en geometrías multidimensionales que iban más allá de las reglas prescritas por Euclides. Pero lo que todavía no podían hacer era ver realmente en cuatro dimensiones. La pregunta era si alguien podría ser capaz de hacerlo. Este problema intrigaba al matemático y profesor británico, escritor de romances científicos, Charles Howard Hinton. Siendo veinteañero y treintañero, Hinton dio clases en dos colegios privados de Inglaterra: primero en el Cheltenham College, en Gloucestershire, y luego en la Uppingham School, en Rutland, donde tuvo como compañero —de hecho, el primer maestro de matemáticas de Uppingham— a Howard Candler, un amigo de Edwin Abbott. Fue durante este periodo, en 1884, cuando Abbott publicó su ya clásica novela satírica *Flatland: A Romance of Many Dimensions (Planilandia: una novela de muchas dimensiones)*.* Cuatro años antes, Hinton había escrito un artículo sobre espacios alternativos titulado «What Is the Fourth Dimension?» [¿Qué es la cuarta dimensión?], en el que planteaba la idea de que las partículas que se movían en tres dimensiones podían considerarse secciones transversales sucesivas de líneas y curvas que existen en cuatro dimensiones. Noso-

* Barcelona, Laertes, 2008.

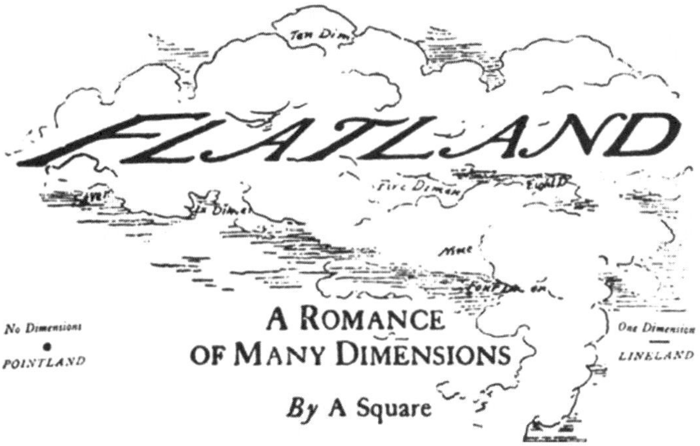

Cubierta de la primera edición de *Flatland*, de Edwin Abbott.

tros mismos podríamos ser en realidad seres tetradimensionales, «y nuestros estados sucesivos, el paso de estos a través del espacio tridimensional al que nuestra conciencia se halla confinada». No está claro el alcance de la relación entre Abbott y Hinton, pero desde luego ambos conocían mutuamente sus obras (como quedaba patente en sus escritos respectivos), y habrían tenido algún contacto, aunque solo fuera a través de su mutuo amigo y colega. Candler habría discutido sin duda con Abbott, el joven profesor de Uppingham que escribía y hablaba tan abiertamente sobre otras dimensiones.

Hinton no era nada convencional. En la época en la que daba clases en Inglaterra, se casó con Mary Ellen Boole, hija de los mencionados Mary Everest Boole (sobrina de George Everest, que dio nombre a la montaña más alta del planeta) y George Boole. Desgraciadamente, a los tres años de casados, Hinton contrajo matrimonio en secreto con otra mujer, Maud Florence, a la que había conocido en el Cheltenham College, con la que tuvo hijos gemelos. Probablemente, las actitudes de su padre, James Hinton, cirujano y líder de una secta dedicada a la poligamia y al amor libre, influyeron en el comportamiento de Charles. En cualquier caso, Hinton fue declarado culpable de bigamia por el Tribunal

Penal Central y fue encarcelado durante varios días. Con su (primera) familia huyó luego a Japón, donde impartió clases durante varios años, antes de llegar a ser profesor de Matemáticas en la Universidad de Princeton. Allí, en 1897, diseñó una especie de arma de béisbol que, con la ayuda de cargas de pólvora, disparaba pelotas a velocidades de 65 a 110 kilómetros por hora. *The New York Times*, en su edición del 12 de marzo de ese año, la describía como «un cañón pesado, con un barril de unos 75 centímetros de longitud y con un fusil en la parte trasera». Su truco más ingenioso, el lanzamiento de bolas curvas, se logró con la ayuda de «dos barras curvadas, insertadas en el barril del cañón». Durante unas cuantas temporadas, los Princeton Nine lo utilizaron de vez en cuando, antes de abandonarlo como un peligro para la seguridad. No está claro si las heridas causadas por ese artefacto influyeron en el despido de Hinton del *college*, pero no le impidieron reintroducirlo en la Universidad de Minnesota, donde, en 1900, ocupó por un tiempo breve una plaza docente, antes de ingresar en el Observatorio Naval de Estados Unidos en Washington D. C.

La fascinación de Hinton por la cuarta dimensión, que se remonta a sus primeros días como profesor en Inglaterra, comenzó en una época en la que otros estaban escribiendo sobre el tema y especulaban con frecuencia sobre sus posibles vínculos con el espiritismo. En 1878, Friedrich Zöllner, profesor de Astronomía en la Universidad de Leipzig, publicó un artículo titulado «On Space of Four Dimensions» [Sobre el espacio de cuatro dimensiones] en *The Quarterly Journal of Science* (editado por el químico y prominente espiritista William Crookes). Zöllner partía de unos sólidos cimientos matemáticos y mencionaba el influyente artículo de Bernhard Riemann «On the Hypotheses which Underlie Geometry» [Sobre las hipótesis subyacentes a la geometría], publicado en 1868, dos años después de la muerte de Riemann y catorce años después de la primera difusión de sus contenidos en una conferencia de Riemann, a la sazón todavía estudiante en la Universidad de Gotinga. Riemann desarrolló la idea, apuntada previamente por su supervisor en Gotinga, el gran Carl Gauss, de que el espacio tridimensional podía ser curvo (como puede serlo una superficie bidimensional como una esfera), y extendió esta noción de la curvatura del espacio a un número arbitrario de dimensiones. El resultado, conocido como *geometría elíptica* o *riemanniana*, constituiría más tarde una piedra angular de la teoría general de la relatividad de Albert Einstein. Zöllner también tomó prestada la idea, descrita en un artículo de 1874 por el joven geómetra proyectivo Felix Klein, de que podían deshacerse los nudos y soltarse las anillas simplemente elevándolos a una cuarta dimensión y dándoles la vuelta. De esta forma, Zöllner preparó el terreno para su explicación de cómo los espíritus, que a su juicio existían en un plano superior, podían llevar a cabo los diversos fenómenos —especialmente, los trucos de desatar nudos— de los que él había sido testigo en sesiones de espiritismo con el famoso médium Henry Slade (que resultó ser totalmente fraudulento). Al igual que Zöllner, Hinton se inclinaba a pensar que el mero hábito de la percepción nos limitaba a un punto de vista tridimensional, y que una cuarta dimensión podía existir a nuestro alrededor y podría tornarse visible para nosotros si fuésemos capaces de entrenarnos para verla.

Aunque cuesta imaginar algo tetradimensional, es fácil hacer un bosquejo en 2D. Esto es especialmente cierto en el caso del equivalente tetradimensional del cubo, para el que Hinton acuñó el nombre de *teseracto*. Empecemos por dibujar dos cuadrados, ligeramente desplazados, y conectamos sus esquinas mediante líneas rectas. Esto puede visualizarse como un dibujo de un cubo en perspectiva, al separarse en nuestra imaginación los cuadrados en la tercera dimensión. A continuación, dibujemos dos cubos unidos por sus esquinas. Con la visión en 4D seríamos capaces de ver esto como dos cubos separados en la cuarta dimensión; de hecho, como una perspectiva de un teseracto. Desgraciadamente, las representaciones planas de objetos en 4D no nos ayudan demasiado a verlos como realmente son. Hinton se percató de que una estrategia más fructífera para adiestrar nuestra mente para ver en cuatro dimensiones podía basarse en modelos tridimensionales, que podrían rotarse para mostrar diferentes aspectos de una forma en 4D: al menos de ese modo solo estaríamos manejando una perspectiva de la cosa real, en lugar de una perspectiva de una perspectiva. Con tal propósito, desarrolló, a modo de como intrincada ayuda visual, un conjunto de cubos de madera de 2,5 centímetros de diferentes colores. Un conjunto completo de cubos de Hinton constaba de 81 cubos pintados de 16 colores diferentes, 27 «bloques» utilizados para representar, por analogía, cómo un objeto en 3D puede construirse en dos dimensiones, y 12 «cubos de catálogo» multicolores. Mediante elaboradas manipulaciones, descritas con detalle en su libro *The Fourth Dimension* [La cuarta dimensión], publicado por vez primera en 1904, fue capaz de representar las diversas secciones transversales de un teseracto y, luego, memorizando los cubos y sus numerosas orientaciones posibles, conseguir una ventana de acceso a este mundo de dimensión superior.

¿Aprendió realmente Hinton a crear en su cerebro imágenes tetradimensionales? Además de las direcciones familiares arriba y abajo, hacia delante y hacia atrás, y de lado a lado, ¿era capaz de ver *kata* y *ana*, sus nombres para las dos direcciones opuestas por la cuarta dimensión? Sin entrar en su cabeza, no podemos saberlo. Ciertamente, no estaba solo en la construcción de representaciones en 3D de formas en 4D. Le presentó sus cubos a su cuñada Alicia Boole Stott, quien llegaría a ser a su vez una intuitiva geómetra de la cuarta dimensión y experta en hacer modelos de cartulina de secciones transversales en 3D de politopos en 4D. La pregunta sigue siendo si por este medio la persona puede desarrollar una auténtica visión tetradimensional o solo la capacidad de comprender y apreciar la geometría de objetos de dimensiones superiores.

En cierto sentido, ser capaz de ver una dimensión extra es como ser capaz de ver un nuevo color, fuera de todas nuestras

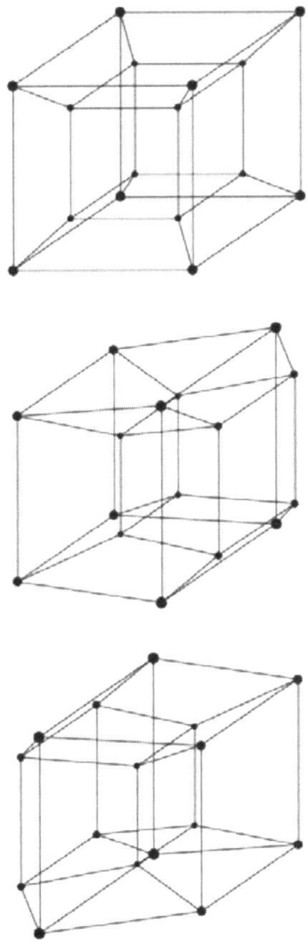

Rotación de un teseracto. *(Arriba)* La visión tradicional de un teseracto como un «cubo dentro de un cubo». *(Centro)* El teseracto ha rotado ligeramente. El cubo central ha comenzado a moverse y está en proceso de convertirse en el cubo derecho. *(Abajo)* El teseracto ha seguido rotando y el cubo central está ahora mucho más cerca de donde se hallaba originalmente el cubo derecho. Finalmente, el teseracto rota completamente hacia atrás, hacia su posición de partida. Lo importante es que el teseracto no se ha deformado en modo alguno. Antes bien, los cambios se deben a una variación en la perspectiva.

experiencias previas. El pintor impresionista francés Claude Monet sufrió una intervención quirúrgica en 1923, a sus ochenta y dos años, para quitarle el cristalino de su ojo izquierdo, que se había nublado totalmente por las cataratas. Posteriormente, los colores que decidía utilizar en su arte pasaron del predominio de los rojos, los marrones y otros tonos terrosos a los azules y violetas. Incluso volvió a pintar algunas de sus obras anteriores de suerte que, por ejemplo, lo que fueran nenúfares blancos adquirieron una tonalidad azulada; una indicación, según se ha dicho, de que ahora podía captar la región ultravioleta del espectro. Esta idea está respaldada por el hecho de que el cristalino del ojo bloquea las longitudes de onda inferiores a unos 390 nanómetros (milmillonésimas de metro) en el extremo de la gama del violeta, pese a que la retina posee el potencial de detectar longitudes de onda inferiores a unos 290 nanómetros, que corresponden al ultravioleta. Existen asimismo numerosas evidencias, en épocas más recientes, de niños pequeños y de personas mayores a quienes les falta el cristalino que son capaces de ver más allá del extremo violeta del espectro. Uno de los casos mejor documentados es el de un oficial e ingeniero retirado de las fuerzas aéreas de Colorado, Alek Komarnitsky, a quien le sustituyeron un cristalino natural afectado por las cataratas por otro artificial capaz de transmitir algo de luz ultravioleta. En 2011, Komarnitsky fue sometido a una serie de test que empleaban un monocromador en un laboratorio de Hewlett-Packard, en los que declaraba ser capaz de ver longitudes de onda inferiores a 350 nanómetros, como una tonalidad púrpura oscura, y alguna variación en el brillo incluso en el ultravioleta, por debajo de 340 nanómetros.

La mayoría de nosotros tenemos en nuestras retinas tres tipos de células cónicas, responsables de la visión del color. La mayoría de las personas daltónicas y otros muchos tipos de mamíferos, incluidos los perros y los monos del Nuevo Mundo, tienen solo dos, por lo que el número de matices diferentes de color que son capaces de ver está restringido a unos diez mil, comparados con el millón aproximado que podemos discernir el resto de nosotros. No obstante, los investigadores han descubierto casos raros de individuos con cuatro tipos funcionales de células cónicas. Según las estimaciones, estos *tetracrómatas* pueden distinguir casi cien millones más de matices de color de lo normal, aunque, como es natural que todos asumamos que vemos lo mismo, puede que solo lleguen a percatarse gradualmente de que poseen este superpoder, sin ninguna prueba especial.

El caso es que los humanos poseemos la capacidad, en circunstancias especiales, de ver cosas que exceden las experiencias normales que la mayoría de nosotros tenemos. Si algunos son capaces de ver el ultravioleta, o matices más sutiles de lo habitual, ¿por qué no la cuarta dimensión? Evidentemente, nuestro cerebro puede adaptarse al procesamiento de información sensorial que normalmente no estamos acostumbrados a recibir. Quizá pueda entrenarse para crear imágenes internas en 4D.

Hoy contamos con una enorme ventaja en nuestros esfuerzos por visualizar el mundo de cuatro dimensiones, gracias a que disponemos de los ordenadores y de otras tecnologías avanzadas. En la actualidad resulta fácil crear animaciones de un teseracto con malla de alambre, por ejemplo, para mostrar cómo varía su aspecto al rotarlo, visto en una pantalla plana. Nuestro cerebro sigue interpretando lo que vemos como el comportamiento extraño de un número de cubos interconectados, más que algo en 4D. Sin embargo, recibimos la impresión de que está sucediendo algo muy inusual que no puede explicarse en términos tridimensionales ordinarios. ¿Encierra la tecnología disponible, o la que pronto tendremos, la promesa de permitirnos experimentar directamente la cuarta dimensión?

Una escuela de pensamiento sostiene que, pese a las afirmaciones de personas como Hinton, jamás podremos ver realmente en 4D porque el mundo que nos rodea es incesantemente tridimensional, nuestro cerebro es tridimensional y la evolución nos ha equipado para interpretar todas las sensaciones que recibimos como establecidas en un contexto en 3D. Ningún esfuerzo mental nos ayudará a trasladar a un plano de existencia diferente las partículas que constituyen nuestro cuerpo. Tampoco ningún truco de ingeniería nos permitirá construir una cosa en 4D, como un teseracto real. Esto no ha impedido que los escritores de ciencia ficción imaginen alguna combinación extraña de sucesos capaz de causar que un objeto o un sistema en 3D desarrollen espontáneamente una dimensión adicional. «And He Built a Crooked House» [«Y construyó una casa torcida»], de Robert Heinlein, publicado por primera vez por la revista *Astounding Science Fiction* en febrero de 1941, cuenta la historia de un ingenioso arquitecto que diseña una casa con ocho habitaciones cúbicas dispuestas como la red de un teseracto en 3D. Desgraciadamente, un terremoto sacude el edificio poco después de su finalización, y hace que se pliegue en un hipercubo real, con resultados desconcertantes para aquellos que se aventuran a cruzar su puerta. En «A Subway Named Möbius» [Un metropolitano llamado Möbius], de 1950, la red de metro de Boston se vuelve tan enrevesada que parte de ella salta a otra dimensión junto con un tren lleno de pasajeros, aunque al final todos ellos llegan sanos y salvos a las estaciones deseadas. Escrito por A. J. Deutsch, un astrónomo de Harvard (una de las paradas del sistema), juega con los temas de la banda de Möbius y la botella de Klein (una forma de una sola cara que únicamente puede existir en cuatro dimensiones).

También los artistas han tratado de captar en sus obras la esencia de las 4D. En su *Manifiesto dimensionista* de 1936, el poeta y teórico del arte húngaro Charles Tamkó Sirató proclamaba que la evolución artística había conducido a que «la literatura deja la línea y entra en el plano [...]. La pintura deja el plano y entra en el espacio [...] [y] la escultura abandona las formas inmóviles y cerradas». A continuación, decía Sirató, se produciría «la conquista artística del espacio tetradimensional, que hasta la fecha ha sido completamente ajeno al arte». La obra de Salvador Dalí *Crucifixión (Corpus hypercubus)*, realizada en 1954, combina una representación clásica de Cristo con un teseracto desplegado. En una conferencia pronunciada en 2012 en el Museo Dalí, el geómetra Thomas Banchoff, que asesoraba a Dalí sobre temas matemáticos conectados con sus pinturas, explicó que el artista estaba tratando de utilizar «algo de un mundo tridimensional y llevarlo más allá [...]. El ejercicio del proyecto en su conjunto consistía en hacer dos perspectivas a la vez, dos cruces superpuestas». Dalí, al igual que los científicos decimonónicos que trataban de racionalizar el espiritismo en términos de existencia en algún espacio superior, empleó la idea de la cuarta dimensión para conectar lo religioso con lo físico.

Los físicos del siglo XXI tienen una nueva razón para interesarse por las dimensiones superiores: las teorías de cuerdas. En estas, las partículas subatómicas, tales como los electrones y los cuarks, no se tratan como puntos, sino como «cuerdas» vibrantes unidimensionales. Uno de los aspectos más extraños de las teorías de cuerdas es que, para que sean matemáticamente consistentes, requieren que el espacio y el tiempo en los que vivimos posean dimensiones adicionales. Una versión llamada teoría de supercuerdas requiere un total de 10 dimensiones, y una extensión de esta, conocida como teoría M, implica 11, en tanto que otro esquema, designado como teoría de cuerdas bosónicas, exige 26. Todas estas dimensiones adicionales se definen como *compactificadas*, lo cual significa que solo son significativas a una escala extraordinariamente pequeña. Puede que algún día aprendamos a ampliar o a desenroscar estas dimensiones, o bien a observarlas como realmente son. Pero, por ahora y en el futuro próximo, estamos atrapados en nuestras tres dimensiones macroscópicas del espacio. Así pues, persiste la pregunta: ¿existe algún modo de que podamos visualizar en nuestra mente cómo es realmente un objeto tetradimensional?

Nuestra experiencia visual del mundo surge de la entrada de la luz por nuestros ojos hasta alcanzar la retina y crear dos imágenes planas. Las células fotosensibles de la retina generan señales eléctricas, que viajan hasta la corteza visual del cerebro, donde tiene lugar una reconstrucción en 3D basada esencialmente en información en 2D. El hecho de tener dos ojos significa que vemos los objetos desde dos ángulos ligeramente diferentes, y el cerebro aprende, cuando somos pequeños, a interpretar estas diferencias de perspectiva y, a partir de ellas, construir una visión tridimensional. Pero incluso con un ojo cerrado, no pasamos de repente a interpretar las cosas como si fueran en 2D. A través de la visión monocular nos llegan todavía suficientes indicios de la perspectiva, la iluminación y el sombreado, que nos permiten añadir la profundidad en nuestra imaginación. Además, podemos desplazarnos o girar la cabeza para variar el ángulo de visión, y añadir a esta otros datos sensoriales, tales como el oído y el tacto, a fin de desarrollar la impresión en 3D. Somos tan expertos en añadir una dimensión de esta manera que, cuando vemos una película en una pantalla de televisión, incorporamos automáticamente la profundidad, incluso sin la ayuda de la tecnología en 3D.

La cuestión es la siguiente: si tenemos la capacidad de construir imágenes en 3D a partir de información en 2D, ¿podríamos utilizar la información visual en 3D para crear una impresión en nuestra mente de la cuarta dimensión? Nuestras retinas naturales son planas, pero la tecnología electrónica no tiene esta limitación. Empleando suficientes cámaras u otros dispositivos de recopilación de imágenes, colocados en diferentes lugares, podemos recoger información de tantas direcciones y perspectivas como deseemos. Por sí solo, sin embargo, esto no sería suficiente para formar la base de una visión en 4D. Un genuino observador tetradimensional que mirase algo en nuestro mundo sería capaz de ver simultáneamente todo lo que hay dentro de una cosa, además de su superficie tridimensional. Así, por ejemplo, si tuvieras artículos valiosos encerrados en una caja fuerte, un ser de 4D no solo vería todos los lados de la caja fuerte de un solo vistazo, sino también todo cuanto esta guardase en su interior (¡y sería capaz de meter la mano y sacar esas cosas si así lo decidiese!). Esto no se debería a que el ser en cuestión tuviese una especie de visión de rayos X que le permitiese ver a través de las paredes de la caja fuerte, sino simplemente a que tendría acceso a una dimensión adicional.

Análogamente, nosotros tendríamos una visión privilegiada de un espacio cerrado en un mundo en 2D. Dibuja un cuadrado en un papel, que represente una caja fuerte bidimensional, con algunos artículos de joyería en su interior. Un planilandés, inserto en la superficie en 2D, solo podría ver una vista del exterior de su caja fuerte, una mera línea. Nosotros, al observar desde arriba la hoja de papel que era su mundo, seríamos capaces de ver las líneas que formaban las paredes de la caja fuerte y todos sus contenidos en un solo vistazo, y podríamos meter la mano y sacar las joyas de 2D. Al planilandés le desconcertaría el hecho de que pudiese observarse el interior de la caja fuerte o pudiesen sacarse sus contenidos, sin huecos en sus paredes. Pero, del mismo modo, un observador desde el punto de vista de una cuarta dimensión sería capaz de ver todas las partes, interiores y exteriores, de algo en 3D, tanto si se tratase de una casa como de una máquina o de un cuerpo humano.

Por consiguiente, una forma de crear la ilusión de la visión en 4D, si no la visión misma en 4D, sería tener una retina en 3D que constase de muchas capas, cada una de las cuales pudiese captar la imagen de una única sección transversal de un objeto en 3D. La información de esta retina artificial se suministraría entonces directamente al cerebro de una persona, de tal manera que esta tendría acceso simultáneo a todas las secciones transversales, exactamente como lo tendría un auténtico observador tetradimensional. El resultado no sería una imagen real en 4D, sino algo semejante a la visión que tendríamos de una cosa en 3D si pudiéramos verla mirando «hacia abajo» desde una cuarta dimensión, lo cual podría tener algunas aplicaciones muy valiosas. La primera parte de la tecnología requerida —la retina en 3D— ya está efectivamente disponible en la forma de los escáneres médicos, que construyen una imagen sólida de parte del cuerpo humano a partir de rodajas en 2D. La segunda parte se halla por el momento fuera de nuestro alcance, pues todavía no disponemos de interfaces cerebro-ordenador suficientemente avanzadas, ni de los conocimientos neurológicos precisos para alimentar la corteza visual, de manera que el cerebro pueda construir una imagen total de todas las perspectivas simultáneas de la cosa observada. No obstante, puede que el nacimiento del «humano 2.0» no se haga esperar más de un par de décadas. El futurista Ray Kurzweil cree que en la década de 2030 estaremos mejorando nuestro cerebro con nanobots, diminutos implantes robóticos que conectan con redes informáticas basadas en la nube. En 2017, el empresario tecnológico Elon Musk lanzó Neuralink, una empresa dedicada a fusionar el cerebro humano con la inteligencia artificial mediante implantes corticales.

Además de poner en marcha la tecnología y establecer las conexiones adecuadas con el cerebro, para poder ver con una retina en 3D, una persona tendría que experimentar presumiblemente un largo proceso de aprender a crear imágenes mentales de esta forma radicalmente novedosa. Ahora bien, semejante capacidad podría revelarse inapreciable para quienes trabajan en áreas tales como el diagnóstico médico, la cirugía, la investigación científica y la educación.

El paso más difícil, consistente en hacer posible que una persona experimente la visión de una cosa en cuatro dimensiones, solo podría darse con simulaciones, ya que los objetos en 4D no existen físicamente en nuestro mundo. Puede que la simulación informática de un teseracto, el objeto utilizado por Hinton, fuese el lugar más simple para comenzar. Cuando observamos un modelo en 3D de un teseracto, vemos únicamente un aspecto o proyección de la auténtica forma tetradimensional. Captar la cosa en todo su esplendor en 4D implicaría combinar múltiples proyecciones, perfecta y simultáneamente, en las zonas del procesamiento visual de nuestro cerebro. Una vez más, incluso con toda la tecnología necesaria y con todas las conexiones neuronales a punto, podría ser preciso un periodo de entrenamiento y práctica para conseguir el efecto deseado: hacer que «salte» la cuarta dimensión, por así decirlo. Pero en principio no hay razón para que esto no funcione. Fusionando mentalmente, con la ayuda de la tecnología informática, un gran número de secciones en 3D de una forma en 4D, podemos confiar en saber cómo es la visión en 4D.

Las matemáticas nos permiten explorar en profundidad lo que nuestra imaginación por sí sola es incapaz de penetrar. Nos conducen más allá de las tres dimensiones que captamos de manera natural, por lo que podemos conocer con gran detalle las propiedades de las cosas en 4D y más allá. Eso nos permite seguir adelante con la ciencia que necesitamos hacer para comprender el universo, tanto en el plano submicroscópico como en el cósmico. Pero también abre la posibilidad de desarrollar los medios para visualizar por nosotros mismos dimensiones más allá de la tercera.

CAPÍTULO 3

Cosas del azar

Tengo la impresión de que buena parte de la vida está determinada por la pura aleatoriedad.

SIDNEY POITIER

Muchas cosas que suceden en el mundo parecen totalmente impredecibles. Hablamos de «casos de fuerza mayor», de «estar en el lugar equivocado en el momento equivocado» o de «pura suerte». La casualidad y la buena o mala suerte parecen dictar buena parte de lo que acontece a nuestro alrededor. Gracias a las matemáticas, sin embargo, disponemos de una herramienta para ver a través de esta niebla de aparente confusión y detectar un cierto orden en lo que, por lo demás, se antoja un derroche de aleatoriedad.

Baraja a conciencia las cartas y lo más probable es que hayas hecho algo único. Casi con certeza, nadie en la historia del mundo habrá logrado jamás disponer la baraja en ese orden particular. La razón es simple: 52 cartas diferentes pueden organizarse de $52 \times 51 \times 50 \times 49 \times ... \times 3 \times 2 \times 1$ formas. Eso arroja un total de aproximadamente 8×10^{67}, es decir, 80 millones de billones de billones de billones de billones de billones de disposiciones diferentes de las cartas. Si todas las personas actualmente vivas hubieran mezclado las cartas de una baraja una vez por segundo desde el comienzo del universo, eso equivaldría tan solo a unas 3×10^{27} barajadas, que es un número increíblemente pequeño en comparación.

Sin embargo, se dice que ha habido casos en los que se ha mezclado una baraja y se ha obtenido exactamente el orden de partida. En realidad, esto es mucho más probable que la probabilidad de 1 entre 8×10^{67} de conseguir cualquier otra ordenación. Cuando se saca por primera vez de su envoltorio, una baraja tiene todos los palos, corazones, tréboles, diamantes y picas (aunque no necesariamente en ese orden), organizados en as, dos, tres..., jota, reina y rey. Si el repartidor de cartas es tan experto como para ser capaz de mezclarlas por hojeo sin error —dividiendo en dos la baraja e intercalando exactamente las cartas—, el mazo puede acabar volviendo a la disposición inicial en tan solo ocho barajadas perfectas. Por eso, al estrenar baraja, los casinos utilizan a menudo la técnica de barajada de los niños, consistente en esparcir las cartas sobre la mesa y revolverlas caprichosamente durante algún tiempo. Para lograr un nivel similar de desorden serían precisas al menos siete mezclas por hojeo buenas, pero imperfectas. El resultado sería entonces bastante aleatorio; en otras palabras, al mostrar cualquier carta de la baraja, la probabilidad de ser capaz de predecir la carta siguiente, empleando cualquier medio lícito disponible, sería muy próxima a 1 entre 51. Ahora bien, ¿sería verdaderamente aleatoria la baraja? ¿Qué es la aleatoriedad? Y ¿es posible que algo sea completamente aleatorio?

La noción de *aleatoriedad* o *impredecibilidad total* es tan antigua como la civilización y probablemente mucho más. Las monedas al aire y los dados lanzados nos vienen enseguida a la mente como formas usadas habitualmente en la actualidad para decidir resultados «de manera aleatoria». En la Grecia antigua lanzaban *astrágalos*, o tabas de cabras y ovejas, en sus juegos de azar. Más tarde emplearían también dados de forma regular, aunque no se

Falanges de animal, empleadas en juegos como las tabas.

sabe con certeza dónde se inventaron estos. Se cree que los egipcios habrían usado los dados en su juego del senet, hace cinco mil años. El Rigveda, un texto védico en sánscrito que data aproximadamente del año 1500 a. C., también menciona los dados, y se han encontrado auténticos juegos de dados en una tumba mesopotámica que se remonta al siglo XXIV a. C. Las téseras griegas eran cúbicas y tenían número en cada cara del 1 al 6, pero solo en la época romana aparecieron dados como los que utilizamos en la actualidad, en los que los valores en las caras opuestas suman siete.

La aleatoriedad tardó mucho tiempo en atraer la atención de los matemáticos. Hasta entonces tendía a atribuirse al ámbito religioso. Tanto en las filosofías orientales como en las occidentales, se consideraba que el resultado de los acontecimientos estaba en manos de los dioses o de alguna fuerza sobrenatural equivalente. De China vino el *I Ching (Clásico de los cambios)*, un sistema de adivinación enraizado en la interpretación de 64 hexagramas diferentes. Algunos cristianos basaban su toma de decisiones en el método bastante más simple de sacar pajitas del interior de una Biblia. Aunque estas creencias tempranas eran fascinantes, tuvieron el lamentable efecto de retrasar cualquier tentativa racional de afrontar la aleatoriedad. Después de todo, si las eventualidades están determinadas en última instancia en un nivel que excede la comprensión humana, ¿por qué molestarse en intentar analizar lógicamente por qué algo sucede de esta o aquella forma? ¿Por qué tratar de averiguar si existen leyes naturales que gobiernen la probabilidad de los resultados?

Cuesta creer que quienes utilizaban los astrágalos o los dados en la Antigüedad griega o romana no tuvieran al menos alguna idea intuitiva de la probabilidad de ciertos resultados. Habitualmente, allí donde intervienen el dinero u otros beneficios materiales, los jugadores y otras partes interesadas captan hasta los pormenores de los juegos. Por tanto, parece probable que la apreciación intuitiva de las probabilidades se remonte milenios atrás. No obstante, el estudio académico de la aleatoriedad y la probabilidad tuvo que esperar hasta el siglo XVII y el Renacimiento tardío para despegar. Encabezando los avances de la época estaban el matemático y filósofo francés Blaise Pascal, que era asimismo un jansenista devoto, y su compatriota Pierre de Fermat. Estos dos grandes pensadores abordaron un problema que, de forma simplificada, puede enunciarse así: supongamos que dos personas están jugando a lanzar una moneda al aire, y el primero que consiga tres puntos gana un buen puñado de dinero. Pero el juego se interrumpe cuando una persona gana por dos puntos a uno. Si se entrega el dinero en esta fase, ¿cuál es la asignación más justa? Antes de Pascal y Fermat, otros se habían planteado este problema y habían propuesto diversas soluciones posibles. Tal vez el dinero debería dividirse en partes iguales, ya que el juego se había interrumpido a mitad del camino y no podía conocerse el resultado final. Pero esto parecía injusto para la persona que tenía dos puntos, a quien sin duda había que reconocerle de algún modo el mérito de ir por delante. Por otra parte, la sugerencia de entregarle todo el dinero a la persona que iba ganando parecía injusta para el rival que tenía un punto, pues todavía habría tenido la oportunidad de ganar si el juego hubiera proseguido. Una tercera posibilidad podría ser dividir el dinero en función del número de puntos ganados, de modo que el jugador con dos puntos conseguiría dos tercios del premio y el contrincante un tercio. A primera vista, esto parece justo, pero plantea un problema. Supongamos que la puntuación fuese de uno a cero en el momento en que se interrumpió el juego. En ese caso, si se aplicase la misma regla, la persona con un punto recibiría todo el dinero, en tanto que la otra persona, que aún podría haber ganado si el juego llegase a su conclusión, no recibiría nada.

Pascal y Fermat encontraron una solución mejor y, al mismo tiempo, inauguraron una nueva rama de las matemáticas. Calcularon la probabilidad de que ganase cada persona. Para que ganase la persona que tenía un punto, tendría que conseguir otros dos puntos consecutivos, lo cual tiene una probabilidad de ½ veces ½, o ¼. Por consiguiente, debería recibir una cuarta parte del dinero. El resto debería ser para su contrincante. Exactamente el mismo método puede aplicarse a cualquier otro problema de este tipo, aunque, naturalmente, los cálculos pueden complicarse más.

Al estudiar este problema, Pascal y Fermat habían dado con un concepto conocido como *valor esperado*. En un juego de azar, o en cualquier situación en la que esté implicada la probabilidad, el valor esperado es la media de lo que cabe esperar ganar de manera razonable. Por ejemplo, supongamos que juegas a un juego en el que tiras un dado y ganas 6 euros si sacas un 3. Este juego tiene un valor esperado de 1 euro, porque existe una probabilidad de 1 entre 6 de sacar un 3, y parte del dinero del premio es 1 euro. Si jugases muchas veces, ganarías por término medio 1 euro por cada partida jugada. Después de jugar 1.000 veces, por ejemplo, la cantidad media que ganarías sería de 1.000 euros, por lo que, si pagaras 1 euro antes de jugar cada vez, acabarías a la par. Observa que aun cuando 1 euro sea el valor esperado, no siempre es posible ganar exactamente 1 euro en este juego. No siempre es posible ganar el valor esperado exactamente en un juego, pero, si se juega repetidamente, el valor esperado es lo que esperarías ganar por término medio.

Una lotería tiene por lo general un valor esperado negativo, por lo que, desde un punto de vista racional, es una mala idea jugar (con ciertos botes acumulados, dependiendo de la lotería, esta puede tener ocasionalmente un valor esperado positivo). Lo mismo sucede con los juegos de casino, por una razón evidente: el casino es un negocio que trata de obtener beneficios. Ocasionalmente, sin embargo, las cosas pueden salir mal debido a un ligero error de cálculo. En una ocasión, un casino cambió el premio en un solo resultado en el *blackjack*, tornando accidentalmente positivo el valor esperado, y perdió una fortuna en unas pocas horas. Para su subsistencia, los casinos dependen del conocimiento matemático profundo de la teoría de la probabilidad.

A veces ocurren coincidencias, que parecen tan improbables que la gente se pregunta si está sucediendo algo raro. Una persona puede ganar dos veces la lotería nacional, o pueden salir los mismos números en diferentes sorteos. Con frecuencia, los medios de comunicación se abalanzan sobre tales historias y magnifican en exceso su aparentemente alta improbabilidad. No obstante, lo cierto es que a la mayoría de nosotros no se nos da muy bien calcular la probabilidad de semejantes acontecimientos, pues partimos de ciertas ideas erróneas. Por considerar el caso de alguien que ha ganado dos veces la misma lotería, es natural personalizar el problema y pensar: «¿Qué posibilidades tengo yo de ganar la lotería dos veces?». Obviamente, la respuesta es fantásticamente pequeña. Sin embargo, las raras personas que ganan dos veces tienden a haber jugado con regularidad a lo largo de varios años, por lo que dos premios durante ese periodo suponen algo menos extraordinario. Y, lo que es más importante, hay que tener presente cuánta gente juega a la lotería. La inmensa mayoría jamás ganará el premio gordo ni una sola vez, ni mucho menos dos. Pero con todos esos jugadores, se vuelve mucho menos asombroso que alguien, en algún lugar, se lleve el premio en dos ocasiones.

Puede parecer contraintuitivo, pero eso se debe a que tendemos a considerarlo desde una perspectiva personal. Por supuesto, es extremadamente improbable que tú ganes el premio gordo dos veces. Ahora bien, al considerar la probabilidad de que *alguien* lo haga, hemos de multiplicar las posibilidades por el número de personas que juegan a la lotería, lo cual aumenta enormemente esas probabilidades, así como el número de formas en las que pueden ganar dos veces la lotería (aproximadamente la mitad del cuadrado del número de veces que juegan a la lotería). Después de todo esto, parecen mucho más razonables las probabilidades de que alguien, en algún lugar, gane el premio gordo en dos ocasiones.

La estimación errónea de las probabilidades basada en la incapacidad de considerar todas las posibilidades de que suceda un acontecimiento subyace asimismo en la llamada *paradoja del cumpleaños*, que en realidad no es una paradoja en absoluto. Con 23 personas en una sala, las probabilidades de que dos de ellas tengan el mismo día de cumpleaños son mayores que 50-50. Da la impresión de que las probabilidades deberían ser mucho menores que eso. Cabe argüir que, si solo son precisas 23 personas para encontrar una coincidencia, todos deberíamos conocer al menos a varias personas que compartan nuestro cumpleaños, mientras que siempre resulta sorprendente que esto suceda. Pero la paradoja del cumpleaños no pregunta cuáles son las probabilidades de que cualquier persona de la sala (tú, por ejemplo) encuentre una coincidencia en su cumpleaños, sino de que cualesquiera dos personas hayan nacido en la misma fecha. En otras palabras, la cuestión no es cuál es la probabilidad de que un par concreto de personas compartan un cumpleaños, sino de que *cualquier* par de personas, de todos los posibles emparejamientos diferentes, cumplan años el mismo día. La probabilidad de que suceda es $1 - (365/365 \times 364/365 \times 363/365 \times \ldots \times 343/365) = 0{,}507$ o 50,7 %.

Con un grupo de 60 personas, la probabilidad de una coincidencia en el cumpleaños asciende a más del 99 %. En contraste, para que haya un 50 % de posibilidades de que alguien tenga el mismo cumpleaños que tú, tendrían que estar presentes 253 personas.

Una razón por la que esto podría parecer antiintuitivo es que tendemos a confundir dos preguntas diferentes. La mayoría de la gente no conoce suficientemente bien a 253 personas como para saber su fecha de nacimiento, por lo que se antoja improbable que alguien comparta aleatoriamente un cumpleaños con ellos, pero esto no significa que sea tan improbable que otras dos personas compartan su respectivo cumpleaños.

No solo las ideas sobre la probabilidad pueden parecer contraintuitivas, sino también la propia noción de aleatoriedad. De las dos secuencias siguientes de caras (H) y cruces (T), ¿cuál parece más aleatoria?

H, T, H, H, T, H, T, T, H, H, T, T, H, T, H, T, T, H, H, T

o

T, H, T, H, T, T, H, T, T, T, H, T, T, T, T, H, H, T, H, T

Muchos podrían sentirse tentados a decir que la primera, porque tiene un salpicado igualado de caras y cruces que no siguen ningún patrón evidente. La segunda secuencia tiene un desequilibrio a favor de las cruces y largas series de la misma letra. De hecho, uno de nosotros (Agnijo) utilizó un generador de números aleatorios para producir la segunda, mientras que construyó deliberadamente la primera para que pareciese la que podría proponer una persona si se le pidiera que escribiese una secuencia aleatoria de caras y cruces. El humano tiende a evitar las series largas, equilibra deliberadamente las letras, y pasa de H a T y viceversa con más frecuencia de lo que sucede al azar.

¿Y qué ocurre con la secuencia siguiente?

H, T, H, H, H, T, T, H, H, H, T, H, H, H, H, T, H, T, T, T

Puede parecer aleatoria, y los métodos estadísticos para detectar secuencias producidas por humanos concluirán que no es obra de una persona. En realidad, está construida a partir de los dígitos decimales de pi (π), omitiendo el 3 inicial, con una H para un dígito impar y una T para un dígito par. ¿Son entonces aleatorios los dígitos de pi? Técnicamente no, porque el primer dígito decimal siempre será 1, el segundo 4, el tercero 1, y así sucesivamente, con independencia de cuántas veces se genere la secuencia. Si algo es fijo y siempre resulta igual cuando decidimos fijarnos en ello, difícilmente será aleatorio. No obstante, los matemáticos sí que se preguntan si los dígitos decimales de pi son estadísticamente aleatorios en el sentido de que posean una distribución uniforme: que todos los dígitos sean igualmente probables, todos los pares de dígitos igualmente probables, todos los tríos igualmente probables, y así sucesivamente. Si lo son, enton-

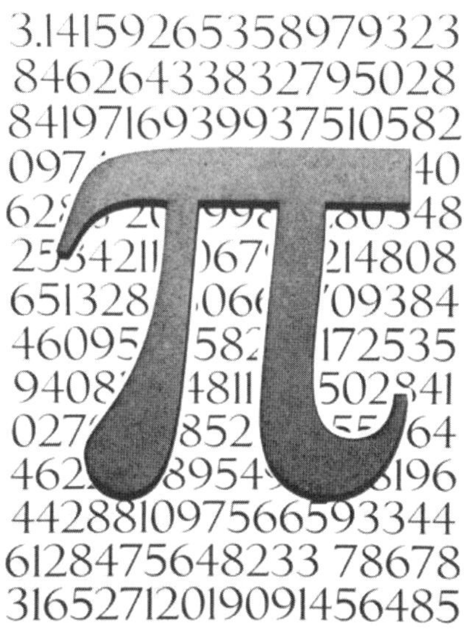

Los primeros doscientos dígitos de pi.

ces se dice que pi es «normal en base 10», que es lo que cree la inmensa mayoría de los matemáticos. También se cree que pi es «absolutamente normal», lo cual significa que no solo son estadísticamente aleatorios los dígitos decimales de pi, sino que también lo son los dígitos binarios, si pi se escribe en el sistema numérico binario utilizando únicamente el 0 y el 1, los dígitos ternarios, utilizando solo el 0, el 1 y el 2, etcétera. Se ha demostrado que casi todos los números irracionales son absolutamente normales, pero resulta extremadamente arduo hallar una prueba para casos concretos.

El primer ejemplo conocido de un número normal en base 10 fue la constante de Champernowne, que lleva el nombre del economista y matemático inglés David Champernowne, quien escribió sobre la importancia de este siendo todavía un estudiante de grado en Cambridge. Champernowne inventó el número específicamente para demostrar que puede existir, y existe de hecho, un número normal, y lo fácil que es construir uno. Su constante está formada simplemente por todos los números naturales consecutivos: 0,1234567891011121314... y, por consiguiente, contiene todas las secuencias posibles de números en proporciones iguales. Una décima parte de los dígitos son 1, una centésima parte de los pares de dígitos consecutivos son 12, y así sucesivamente. Puede que sea normal en base 10, pero la constante de Champernowne es obviamente muy mala a la hora de producir secuencias que parezcan aleatorias, es decir, que carezcan de cualquier clase de patrón de predictibilidad discernible, especialmente al principio. Tampoco sabemos si es normal en cualquier otra base. Existen otras constantes normales demostradas, pero, al igual que la descubierta por Champernowne, han sido construidas de forma artificial para ser normales. Todavía hay que demostrar si pi es normal en cualquier base, y, por supuesto, si es absolutamente normal.

En el momento de redactar este libro, el valor de pi se conoce hasta 22.459.157.718.361, o unos 22 billones de dígitos decimales. Sin duda, seremos capaces de calcular más dígitos en el futuro, pero los que ya conocemos no cambiarán nunca, independientemente de cuántas veces se efectúe el cálculo. Los dígitos conocidos de pi forman parte de la realidad congelada del universo matemático, por lo que no pueden ser aleatorios. Ahora bien, ¿qué sucede con los dígitos que yacen más allá de aquellos que han sido computados? Suponiendo que pi sea normal en base 10, siguen siendo en esencia estadísticamente aleatorios para nosotros. En otras palabras, si alguien nos pidiera una serie aleatoria de mil dígitos, una respuesta válida sería fabricar un ordenador que calculase pi hasta mil posiciones más de las conocidas en la actualidad y utilizar esas posiciones como la serie aleatoria. Si nos pidiesen otra serie aleatoria de la misma longitud, podríamos computar los mil dígitos siguientes (previamente desconocidos). Esto plantea un interesante interrogante filosófico acerca de la naturaleza de las entidades matemáticas: ¿hasta qué punto son reales las posiciones decimales de pi que aún no hemos descubierto? Resultaría difícil sostener, por ejemplo, que el cuatrillonésimo dígito de pi no existe o que no tiene un valor fijo concreto, aun cuando todavía desconozcamos cuál es. Pero ¿en qué sentido o en qué forma existe hasta que, al final de un cálculo inmensamente largo, todavía pendiente de efectuarse, aparezca en la memoria de un ordenador?

Como curiosa acotación marginal, merece la pena mencionar un descubrimiento llevado a cabo por los investigadores David Bailey, Peter Borwein y Simon Plouffe en 1996. Estos descubrieron una fórmula bastante simple para pi —la suma de una serie infinita de términos— que permite calcular cualquier dígito de pi sin conocer ninguno de los precedentes (en sentido estricto, los dígitos calculados por la fórmula de Bailey-Borwein-Plouffe son dígitos hexadecimales —de base 16—, frente a los dígitos decimales). A primera vista, esto parece imposible, y ciertamente pilló por sorpresa a los demás matemáticos. Más aún, un cómputo, pongamos por caso, del milmillonésimo dígito de pi, utilizando este método, puede efectuarse en un ordenador portátil ordinario en menos tiempo del que se tarda en comer en un restaurante. Pueden emplearse variantes de la fórmula de Bailey-Borwein-Plouffe para hallar otros números «irracionales» como pi, cuyas extensiones decimales continúan indefinidamente sin repetirse.

La pregunta de si cualquier cosa en matemática pura es verdaderamente aleatoria es una pregunta válida. La aleatoriedad implica la completa ausencia de patrones o de predictibilidad. Algo es solamente impredecible si es desconocido y, además, no existe ninguna base para preferir un resultado a cualquier otro. Las matemáticas existen esencialmente fuera del tiempo; en otros términos, no cambian ni evolucionan de un momento al siguiente. Lo único que varía es nuestro conocimiento de ellas. Por otra parte, el mundo físico sí que cambia continuamente, y a menudo de formas que, a primera vista, parecen impredecibles. El lanzamiento de una moneda al aire se considera lo suficientemente impredecible para que, de común acuerdo, se acepte como un modo justo de tomar decisiones cuando existen únicamente dos posibilidades. Pero que pueda o no definirse como aleatorio depende de la información disponible. Si, en cualquier lanzamiento dado, conociéramos con exactitud la fuerza y el ángulo con el que se lanzó la moneda, su velocidad de rotación, la cantidad de resistencia del aire y así sucesivamente, podríamos (en teoría) predecir con exactitud qué cara aterrizaría hacia arriba. Lo mismo sucede si se nos cae una tostada con mantequilla, salvo que en este caso existen evidencias en favor de la visión pesimista de que las tostadas tienden a aterrizar con el lado de la mantequilla hacia abajo en más de la mitad de las ocasiones. Los experimentos han demostrado que, si la tostada se lanza al aire hacia arriba —lo que sin duda solo ocurriría en un laboratorio o en una pelea con comida—, la probabilidad de que caiga boca abajo es del 50 %. Pero si la tostada cae de una mesa o de una encimera o resbala de un plato, caerá al suelo en la mayoría de los casos por el lado de la mantequilla. La razón es sencilla: la altura desde la que suele caer sin querer la tostada —la altura de la cintura o unos treinta centímetros a ambos lados— le da el tiempo justo durante su caída para dar media vuelta, de modo que si empieza, de la forma convencional, con la mantequilla arriba, lo más probable es que acabe embadurnando el suelo.

La mayoría de los sistemas físicos son mucho más complejos que la caída de una tostada. Y, para complicar más la situación, algunos de ellos son caóticos, por lo que los pequeños cambios o perturbaciones en las condiciones iniciales pueden tener implicaciones enormes más adelante. Uno de tales sistemas es el tiempo atmosférico. Antes de la aparición de los pronósticos meteorológicos modernos, nadie sabía lo que depararía el día siguiente. Los satélites meteorológicos, los instrumentos precisos sobre el terreno y los ordenadores de alta velocidad han revolucionado la exactitud de las predicciones para alrededor de una semana o diez días. Pero más allá de ese tiempo, incluso las mejores predicciones, que emplean la tecnología más refinada, tropiezan con los problemas combinados del caos y la complejidad, incluido el efecto mariposa, a saber: la idea de que la mínima corriente de aire causada por el aleteo de una mariposa puede amplificarse hasta acabar convirtiéndose en un huracán.

Pese a toda esta complejidad, puede parecer que, con independencia del fenómeno de que se trate, ya sea el lanzamiento de una moneda al aire o el sistema meteorológico global, están implicadas las mismas leyes de la naturaleza, que serían deterministas. Antaño se creía que el universo es como un gigantesco mecanismo de relojería, extraordinariamente complejo pero predecible en última instancia. Dos asuntos, sin embargo, salen al paso de esta concepción. El primero se remonta a la complejidad. Incluso en el seno de un sistema determinista, en el que el resultado depende de una serie de acontecimientos, cada uno de los cuales es predecible si se conoce con exactitud el estado precedente, el problema en su integridad puede ser tan complejo que no quepa tomar ningún atajo que nos permita ver con antelación lo que sucederá efectivamente. En tales sistemas, la mejor simulación (por ejem-

El huracán *Félix* fotografiado desde la Estación Espacial Internacional el 3 de septiembre de 2007.

plo, ejecutada en un ordenador) no puede superar al fenómeno mismo. Esto sucede con muchos sistemas físicos, pero también con otros puramente matemáticos, como los autómatas celulares, cuyo ejemplo más célebre es el juego de la vida de John Conway, al que volveremos a referirnos en el capítulo 5.

La evolución de cualquier patrón dado en el juego de la vida es netamente determinista, pero impredecible: el resultado solo llega a conocerse una vez calculado cada paso del camino (por supuesto, algunos patrones que hacen lo mismo una y otra vez, como oscilar hacia delante y hacia atrás o moverse sin variación tras un cierto número de pasos, resultan predecibles una vez que conocemos su comportamiento, pero la primera vez ignoramos cómo se comportarán). En matemáticas, las cosas pueden ser impredecibles aun cuando no sean aleatorias. Pero, hasta inicios del siglo XX, la mayoría de los físicos profesaban la creencia de que, aunque no pudiéramos conocer todos los detalles de lo que acontece en el universo físico, podríamos conocer en principio todo cuanto deseáramos. Si dispusiéramos de suficiente información, entonces, empleando las ecuaciones de Newton y Maxwell, podríamos averiguar cómo se desarrollarían los acontecimientos con toda la precisión buscada. El nacimiento de la mecánica cuántica, sin embargo, vio escaparse por la ventana semejante idea.

Resulta que la incertidumbre yace en el corazón del reino cuántico: la aleatoriedad es un hecho inevitable de la vida en el mundo subatómico. En ningún lugar resulta más evidente este comportamiento caprichoso que en la descomposición de un núcleo radiactivo. En efecto, las observaciones pueden revelar la semivida de una sustancia radiactiva, esto es, el tiempo que tardan en desintegrarse, *por término medio*, la mitad de los núcleos originales de una muestra. Pero esta es una medida estadística. La semivida del radio-226, por ejemplo, es 1.620 años, de modo que, si partiéramos de 1 gramo, tendríamos que esperar 1.620 años para que perdurase medio gramo del radio, mientras que el resto se habría desintegrado en gas radón o en plomo y carbono. Ahora bien, centrándonos en un núcleo de radio individual, no hay forma de decir si estará entre los 37.000 millones de núcleos que se desintegran al segundo siguiente en un gramo de radio-226, o si tardará cinco mil años en desintegrarse. Todo cuanto podemos afirmar es que la probabilidad de que se desintegre en algún momento en los próximos 1.620 años es de ½, la misma que en el lanzamiento de una moneda a cara o cruz. Esta impredecibilidad no tiene nada que ver con defectos en nuestros aparatos de medición o en nuestra potencia de cálculo. A este preciso nivel, la aleatoriedad es inherente a la estructura misma de la realidad. En consecuencia, puede afectar a los fenómenos y, por tanto, introducir aleatoriedad, en una escala mayor. Un caso extremo del efecto mariposa, por ejemplo, sería que la descomposición de un solo átomo de radio influyera a gran escala en el clima futuro.

Bien puede suceder que la aleatoriedad cuántica haya venido para quedarse. No obstante, ha habido físicos, entre los que destaca Einstein, incapaces de soportar la idea (por parafrasear a este) de que Dios juegue a los dados con el universo. Estos oponentes de la ortodoxia cuántica prefieren la visión de que, tras la aparente conducta quijotesca de las cosas en el plano ultrapequeño, existen «variables ocultas», esto es, factores que determinan cuándo se desintegran las partículas y cosas por el estilo, que por el momento desconocemos y somos incapaces de medir. Si la teoría de las variables ocultas resultase ser cierta, entonces el universo volvería a ser no aleatorio, y la auténtica aleatoriedad existiría únicamente como algún tipo de ideal matemático. Pero, hasta la fecha, todas las evidencias sugieren que, sobre esta cuestión de la indeterminación cuántica, Einstein estaba equivocado.

En el mundo especular de lo muy pequeño, nada parece seguro. Lo que considerábamos pequeñas partículas sólidas, como los electrones y cosas por el estilo, se disuelven en ondas, y ni siquiera se trata de ondas materiales, sino de ondas de probabilidad. No cabe decir que un electrón esté aquí o allá, sino tan solo que es más probable que esté aquí que allá, estando gobernados su movimiento y su localización por un constructo matemático denominando *función de onda*.

Todo queda reducido a probabilidad, y ni siquiera se trata de un concepto fácil de precisar. Existen diferentes formas de concebirlo. La más familiar es el punto de vista *frecuentista*. En este, la probabilidad de que suceda un acontecimiento es el límite —el valor al que algo tiende— de la proporción de veces que se produce el acontecimiento en cuestión. Para averiguar la probabilidad de un suceso, el frecuentista repetiría el experimento muchas veces y vería con cuánta frecuencia sucede el acontecimiento. Por ejemplo, si el suceso tiene lugar el 70 % de las veces que se realiza el experimento, tendría una probabilidad del 70 %. En el caso de una moneda matemática idealizada, lanzar cara tiene una probabilidad de exactamente ½, ya que, cuanto más se lanza la moneda, más se aproxima la proporción de caras al valor ½. Una moneda física real no tiene una probabilidad de exactamente ½ de salir cara por diversas razones. La aerodinámica del lanzamiento y el hecho de que, en el caso de la mayoría de las monedas, la cara suela tener más masa que el dibujo del reverso, sesgan ligeramente el resultado. Este depende asimismo en cierta medida de la cara que mire hacia arriba antes del lanzamiento: la probabilidad de que la moneda aterrice del mismo lado que antes del lanzamiento es aproximadamente del 51 %, pues, durante un lanzamiento típico, es marginalmente más probable que gire un número par de veces en el aire, pero cuando se trata de monedas matemáticas idealizadas, podemos ignorar esta circunstancia.

El enfoque frecuentista consiste en decir que la probabilidad de algo es igual a la posibilidad de que suceda a largo plazo. Pero, a veces, como en el caso de un suceso que solo se produce en una ocasión, esta estrategia se revela inútil. Una alternativa es el método bayesiano, que debe su nombre al estadístico inglés del siglo XVIII Thomas Bayes. Este método basa su cálculo de la probabilidad en nuestro grado de confianza en que se produzca un resultado determinado, por lo que concibe la probabilidad como algo subjetivo. Por ejemplo, un meteorólogo puede hablar de un «70 % de probabilidades de lluvia», lo cual significa esencialmente que tiene un 70 % de confianza en que llueva. La principal diferencia en este caso entre la probabilidad frecuentista y la bayesiana estriba en que el meteorólogo no puede «repetir» simplemente el tiempo; tiene que ofrecer una probabilidad de lluvia en una ocasión concreta, en lugar de una probabilidad media durante muchos casos. Puede emplear un vasto repertorio de datos, incluido lo que sucedió en casos similares, pero ninguno de ellos será *exactamente* idéntico, por lo que se ve obligado a utilizar la probabilidad bayesiana frente a la frecuentista.

Donde las diferencias entre los puntos de vista bayesiano y frecuentista devienen especialmente interesantes es en su aplicación a los conceptos matemáticos. Consideremos la pregunta de si el cuatrillonésimo dígito decimal de pi, desconocido hasta la fecha, es 5. No hay forma de saber con antelación cuál es la respuesta, pero sabemos que, una vez que se averigüe, jamás cambiará.

No podemos repetir un cálculo de los dígitos de pi y obtener una respuesta diferente a la de la primera vez que se realizó. Por consiguiente, el punto de vista frecuentista implica que la probabilidad de que el cuatrillonésimo dígito sea 5 es, o bien 1 (certeza), o bien 0 (imposibilidad); en otras palabras, o es un 5, o no lo es. Supongamos que se demostrase que pi es normal, de modo que supiésemos con certeza que todos los dígitos tienen la misma densidad a lo largo de la secuencia infinita que constituye pi. El punto de vista bayesiano, que es nuestro nivel de confianza en que el cuatrillonésimo dígito sea 5, sostendría que la probabilidad es de 1 entre 10, o 0,1 (porque si pi es normal, cualquier dígito tiene la misma probabilidad de ser cualquier número del 0 al 9 hasta que se calcule). Ahora bien, una vez efectuado dicho cálculo (si alguna vez llega a hacerse), será entonces definitivamente, o bien 1, o bien 0. El auténtico cuatrillonésimo dígito de pi no cambiará en absoluto, pero la probabilidad de que sea 5 variará, precisamente porque disponemos de más información. La información resulta crucial en la perspectiva bayesiana: el aumento de información nos ayuda a revisar la probabilidad, por lo que esta se vuelve más precisa. De hecho, una vez que disponemos de una información perfecta (por ejemplo, calculando explícitamente un dígito de pi), las probabilidades frecuentista y bayesiana se vuelven equivalentes; si repetimos un cálculo de un dígito conocido de pi, conocemos la respuesta de antemano. Si conocemos todos los detalles de un sistema físico (que incluye una cierta aleatoriedad, por ejemplo, la desintegración de los átomos de radio), podemos repetir el experimento exacto y obtener una probabilidad frecuentista que coincidirá exactamente con la probabilidad bayesiana.

Aunque el enfoque bayesiano pueda parecer subjetivo, puede tornarse riguroso en un sentido abstracto. Por ejemplo, supongamos que tenemos una moneda sesgada. Su sesgo puede ser cualquier cantidad, desde cero caras hasta el cien por cien de las caras, donde cada valor tenga la misma probabilidad. La lanzamos una vez y sale cara. Es posible demostrar que la probabilidad de que salga cara en el segundo lanzamiento es de ⅔ utilizando la probabilidad bayesiana. No obstante, la probabilidad inicial de una cara era de ½ y no hemos cambiado la moneda. El punto de vista bayesiano sostiene que, aunque la primera cara no afecte directamente a la probabilidad de la segunda cara, nos proporciona más información sobre la moneda que nos permite refinar nuestra estimación. Es altamente improbable que una moneda fuertemente sesgada hacia la cruz arroje caras, y una moneda fuertemente sesgada hacia la cara tiene muchas más probabilidades de arrojar caras.

La adopción de un enfoque bayesiano contribuye asimismo a evitar un tipo de paradoja señalada por primera vez por el lógico alemán Carl Hempel en la década de 1940. Cuando alguien ve que un mismo principio, tal como la ley de la gravedad, opera sin excepción durante un largo periodo de tiempo, asume naturalmente que es cierto con una probabilidad muy alta. Este es un razonamiento inductivo que puede resumirse así: si se observan cosas que resultan coherentes con una teoría, entonces se incrementa la probabilidad de que dicha teoría sea verdadera. No obstante, Hempel señaló un problema con la inducción y utilizó como ejemplo los cuervos.

Todos los cuervos son negros, dice la teoría. Cada vez que se observa que un cuervo es negro y no de otro color —¡ignorando el hecho de que existen cuervos albinos!—, crece nuestra confianza en la teoría de que «todos los cuervos son negros». No obstante, aquí reside la dificultad. El enunciado «Todos los cuervos son negros» es lógicamente equivalente al enunciado «Todas las cosas no negras son *no cuervos*». Por tanto, si vemos un plátano amarillo, que es una cosa no negra y también un no cuervo, esto debería reafirmar nuestra creencia en que todos los cuervos son negros. Para evitar este resultado altamente contraintuitivo, algunos filósofos han argüido que no deberíamos tratar ambos lados del argumento como si tuvieran la misma fuerza. En otras palabras, los plátanos amarillos deberían hacernos creer más en la teoría de que todas las cosas no negras son no cuervos (primer enunciado), sin influir en la creencia de que todos los cuervos son negros (segundo enunciado). Esto parece encajar con el sentido común: un plátano es un no cuervo, por lo que la observación de uno puede decirnos algo sobre los no cuervos, pero no nos dice nada sobre los cuervos. Ahora bien, esta sugerencia ha sido criticada sobre la base de que no podemos tener un grado diferente de creencia en dos enunciados que sean lógicamente equivalentes, si está claro, o bien que ambos son verdaderos, o bien que ambos son falsos. Tal vez la culpa sea de nuestra intuición en este asunto, y puede que la visión de otro plátano amarillo debiera incrementar en realidad la probabilidad de que todos los cuervos sean negros. Sin embargo, si adoptamos una actitud bayesiana, nunca surge la paradoja. Según Bayes, la probabilidad de una hipótesis *H* ha de multiplicarse por la proporción:

$$\frac{\text{Probabilidad de observar } X \text{ si } H \text{ es verdadera}}{\text{Probabilidad de observar } X}$$

... donde *X* es un objeto no negro que es un no cuervo, y *H* es la hipótesis «Todos los cuervos son negros».

Si pedimos a alguien que seleccione un plátano al azar y nos lo muestre, entonces la probabilidad de ver un plátano amarillo no depende de los colores de los cuervos. Ya sabemos de antemano que veremos un no cuervo. El numerador (el número de arriba) será igual al denominador (el número de abajo), la proporción será igual a 1, y la probabilidad permanecerá invariable. La visión de un plátano amarillo no afectará a nuestra creencia en si todos los cuervos son negros o no. Si pedimos a alguien que seleccione al azar una cosa no negra, y nos muestra un plátano amarillo, entonces el numerador será mayor que el denominador por una ínfima cantidad. La visión del plátano amarillo solo incrementará ligeramente nuestra creencia de que todos los cuervos son negros. Tendríamos que ver la práctica totalidad de las cosas no negras del universo, y ver que todas ellas son no cuervos, para que nuestra creencia en «Todos los cuervos son negros» aumentara significativamente. En ambos casos, el resultado concuerda con la intuición.

Puede parecer extraño que la información esté conectada con la aleatoriedad, pero, de hecho, ambas se hallan íntimamente relacionadas. Imaginemos una serie de dígitos compuesta tan solo de 1 y 0. La serie 1111111111 es completamente ordenada, y, debido a ello, no contiene prácticamente ninguna información (solo «repite 1 diez veces»), al igual que un lienzo en blanco en el que todos los puntos son blancos no nos dice casi nada. Por otra parte, la serie 0001100110, que se generó aleatoriamente, posee la máxima cantidad de información posible para su extensión. La razón de ello es que una forma de cuantificar la información es la cantidad mediante la cual pueden comprimirse los datos. Una serie verdaderamente aleatoria no puede escribirse de ningún modo más corto preservando toda su información. Pero una serie larga y constante con solo 1, por ejemplo, puede comprimirse enormemente indicando el número de unos que componen la serie. La información y el desorden están íntimamente relacionados. Cuanto más desordenada y aleatoria es una serie, más información encierra.

Otra manera de pensar en esto es que, en el caso de una serie aleatoria, la revelación del elemento siguiente proporciona la máxima cantidad de información posible. Por otra parte, si vemos la serie 1111111111, resulta trivial adivinar el siguiente elemento (esto solo es aplicable a una serie como un todo, no a parte de otra serie; una serie aleatoria arbitrariamente larga contendrá 1111111111 infinitamente a menudo). En lo que a nosotros nos concierne, los estímulos útiles han de ocupar necesariamente una posición intermedia entre estos extremos de información. Por ejemplo, una fotografía con una información mínima sería una imagen monocroma en blanco, y un libro sería una larga repetición de páginas llenas de una letra. Ninguno de los dos son en modo alguno interesantes en cuanto a su contenido informativo.

Sin embargo, una fotografía con un máximo de información sería un desorden azaroso de interferencias, y un libro sería un revoltijo de letras aleatorias. Una vez más, esto no nos atraería. Lo que necesitamos, y lo que es más útil para nosotros, es algo intermedio. Una foto convencional transmite información, pero en una forma y una cantidad que podemos comprender. Si un píxel es de un color, es probable que los píxeles inmediatamente adyacentes a él sean muy similares. Esto lo sabemos y podemos utilizarlo para comprimir imágenes sin perder la información. El libro que estás leyendo ahora es básicamente una mera serie de letras y espacios, con signos de puntuación. A diferencia de los libros extremos que contienen un revoltijo de símbolos o un único símbolo, estas letras caen dentro de patrones estructurados conocidos como palabras, algunas de las cuales ocurren ocasionalmente y otras, como *el*, se repiten con suma frecuencia. Además, estas palabras siguen ciertas reglas conocidas como gramática para formar oraciones y así sucesivamente, de suerte que, en última instancia, el lector puede comprender la información transmitida. Esto sencillamente no sucede en un batiburrillo aleatorio.

En su relato breve «La biblioteca de Babel», el escritor argentino Jorge Luis Borges* describe una biblioteca de vasto tamaño, posiblemente infinita, que contiene un vertiginoso número de libros. Todos los libros poseen un formato idéntico: «Cada libro contiene cuatrocientas diez páginas; cada página, cuarenta líneas; cada línea aproximadamente ochenta letras negras». Solo se emplean veintidós caracteres alfabéticos de un oscuro idioma más una coma, un punto y un espacio, pero todas las combinaciones posibles de estos caracteres que se siguen del formato común ocurren en algún libro de la biblioteca. La mayoría de los libros parecen ser un simple revoltijo de caracteres sin sentido; otros son bastante ordenados, pero desprovistos aún de todo sentido apa-

* En Jorge Luis Borges, *Ficciones*, Madrid, Alianza, 2006. «La biblioteca de Babel» fue publicado por vez primera en 1941.

rente. Por ejemplo, un libro contiene solo la letra *M* repetida una y otra vez. Otro es exactamente igual, salvo que la segunda letra es sustituida por una *N*. Otros tienen palabras, oraciones y párrafos enteros, que son gramaticalmente correctos en algún idioma, pero, sin embargo, son ilógicos. Algunos son historias verdaderas. Algunos pretenden ser historias verdaderas, pero son, de hecho, ficticias. Algunos contienen descripciones de artefactos aún por inventar o de descubrimientos aún por hacer. En algún lugar de la biblioteca hay un libro que contiene todas las combinaciones de los veinticinco símbolos básicos que pueden imaginarse o escribirse en el formato dado. Pero, por supuesto, todo resulta inútil, ya que, sin saber de antemano lo que es verdadero o falso, hecho o ficción, significativo o carente de sentido, semejantes combinaciones exhaustivas de símbolos no poseen ningún valor. Otro tanto sucede con la vieja idea de los monos que golpean azarosamente las teclas de máquinas de escribir y finalmente, dado el tiempo suficiente, escriben las obras de Shakespeare. También darían con las soluciones a todos los problemas importantes de la ciencia (una vez transcurridos innumerables billones de años). El problema estriba en que darían asimismo con todas las no soluciones y con todas las refutaciones convincentes de las verdaderas soluciones y con las cantidades mayoritariamente soporíferas de puros galimatías. Tener la respuesta delante de ti no sirve absolutamente de nada si tienes también todas las demás variantes posibles de los símbolos que conforman la respuesta, y no tienes forma de saber cuál es la correcta.

En cierto sentido, la red mundial, con su vasta colección de conocimientos disponibles, junto con un corpus más enorme todavía de cotilleos, medias verdades y puras sandeces, se está convirtiendo en algo semejante a la biblioteca de Borges: un depósito de todo, desde lo profundo hasta lo absurdo. Existen incluso sitios web que simulan la biblioteca de Babel, generando en un instante páginas de series aleatorias de letras, que pueden incluir o no palabras reales o fragmentos significativos de información.

Cuando existen tantos datos disponibles en las puntas de nuestros dedos, ¿en quién o en qué podemos confiar como árbitros de la razón y de los hechos? En última instancia, dado que la información existe como un conjunto de dígitos, en el interior de memorias y procesadores electrónicos, la respuesta ha de hallarse en las matemáticas.

En el futuro más inmediato, los matemáticos están trabajando en el desarrollo de una teoría global de la aleatoriedad, capaz de conectar fenómenos científicos aparentemente muy diferentes, desde el movimiento browniano hasta la teoría de cuerdas. Dos investigadores, Scott Sheffield, del Massachusetts Institute of Technology (MIT), y Jason Miller, de la Universidad de Cambridge, han descubierto que muchas de las formas o de los caminos en 2D que pueden generarse mediante procesos aleatorios caen dentro de familias definidas, cada una de las cuales posee sus propios conjuntos de características. Su clasificación ha conducido al descubrimiento de vínculos inesperados entre lo que, a primera vista, parecen objetos aleatorios totalmente dispares.

El primer tipo de forma aleatoria explorada matemáticamente es el denominado *paseo aleatorio*. Imaginemos a un borracho que parte de una farola y se tambalea de un punto a otro, dando cada paso (que se supone de la misma longitud) en una dirección aleatoria. El problema consiste en averiguar a qué distancia de la farola es probable que se encuentre después de un número dado de pasos. Esto puede reducirse a un caso unidimensional (en otras palabras, a meros movimientos hacia delante y hacia atrás a lo largo de una línea), suponiendo que a cada paso se lanza una moneda al aire para decidir en qué dirección moverse, hacia la izquierda o hacia la derecha. La primera aplicación de este problema al mundo real data de 1827, cuando el botánico inglés Robert Brown llamó la atención sobre lo que se daría en llamar *movimiento browniano*: los meneos azarosos de los granos de polen en el agua al ser observados al microscopio. Más adelante se descubrió que los meneos se debían a las moléculas individuales de agua, que golpeaban los granos de polen desde diferentes direcciones aleatorias, de suerte que cada grano de polen se comportaba como el borracho de nuestro ejemplo original. Hubo que aguardar hasta la década de 1920 para lograr el pleno desarrollo de las matemáticas del movimiento browniano, obra del matemático y filósofo estadounidense Norbert Wiener. El truco consiste en averiguar lo que sucede con el problema del paseo aleatorio, a medida que los pasos y el tiempo entre ellos se van acortando cada vez más. Los paseos aleatorios resultantes se asemejan mucho a los del movimiento browniano.

Más recientemente, los físicos han llegado a interesarse por una clase diferente de movimiento aleatorio que no implica partículas que siguen curvas unidimensionales, sino «cuerdas» serpenteantes increíblemente diminutas, cuyo movimiento puede representarse como una superficie bidimensional. Se trata de las cuerdas de la teoría de cuerdas, una teoría muy relevante, pero no demostrada hasta la fecha, de las partículas fundamentales que constituyen toda la materia. Como dice Scott Sheffield: «Para comprender la física cuántica aplicada a las cuerdas, hemos de disponer de algo parecido al movimiento browniano para las superficies». Los comienzos de semejante teoría datan de la década de 1980, gracias al físico Alexander Polyakov, que actualmente trabaja en la Universidad de Princeton. Este inventó una forma de describir estas superficies que hoy se conoce como *gravedad cuántica de bucles* (LQG, por sus siglas en inglés). Un desarrollo independiente, designado como el modelo browniano, describía asimismo las superficies bidimensionales aleatorias, si bien ofrecía información diferente y complementaria sobre ellas. El gran avance de Sheffield y Miller consistió en demostrar que estos dos enfoques teóricos, la LQG y el modelo browniano, son equivalentes. Sigue habiendo tarea por hacer para que la teoría pueda aplicarse directamente a los problemas de la física, pero puede que a la postre se revele un poderoso principio unificador que opera en numerosas escalas, desde la escala extraordinariamente pequeña de las cuerdas hasta el nivel cotidiano de fenómenos tales como el crecimiento de los copos de nieve o los yacimientos de minerales. Lo que ya está claro es que la aleatoriedad yace en el corazón del universo físico, y en el corazón de la aleatoriedad moran las matemáticas.

Algo verdaderamente aleatorio es impredecible. No hay forma de decir cuál será el miembro siguiente de una secuencia aleatoria. En física, no hay manera de decir cuándo se producirá un suceso aleatorio, como la desintegración de un núcleo radiactivo. Si algo es aleatorio, se dice que es no determinista, ya que somos incapaces de averiguar, incluso en principio, qué es lo que viene a continuación de lo que ya ha sucedido. En el lenguaje cotidiano, decimos con frecuencia que si algo es aleatorio, entonces es caótico. *Aleatoriedad* y *caos* se usan en el lenguaje ordinario como prácticamente intercambiables. Pero en matemáticas existe una gran diferencia entre ambos, una diferencia que podemos apreciar aventurándonos en el extraño reino de las dimensiones fraccionarias.

CAPÍTULO 4

Patrones al borde del caos

> Las matemáticas poseen belleza y romance. El mundo matemático no es un lugar aburrido donde habitar. Se trata de un lugar extraordinario al que merece la pena dedicar tiempo.
>
> MARCUS DU SAUTOY

Si buscas en un diccionario la palabra *caos*, encontrarás sinónimos como *confusión, desorden* y *anarquía*. Pero la clase de caos de la que se ocupan los matemáticos y los científicos, en un campo relativamente novedoso conocido como teoría del caos, es muy diferente. Lejos de ser una desordenada batalla campal, sigue reglas, puede predecirse su aparición, y su comportamiento se revela en patrones de exquisita belleza. Las comunicaciones digitales, los modelos de electroquímica de células nerviosas y la dinámica de fluidos figuran entre las aplicaciones prácticas de la teoría del caos. Pero nosotros adoptaremos un enfoque más pintoresco del tema mediante una pregunta extremadamente simple.

«¿Cuánto mide la costa de Gran Bretaña?» Esto es parte del título de un artículo de Benoît Mandelbrot (matemático francoestadounidense nacido en Polonia y teórico del Thomas J. Watson

Research Center de IBM) publicado en la revista *Science* en 1967. Parece un problema bastante sencillo de resolver. Sin duda, todo cuanto necesitamos es medir con exactitud todo el camino alrededor de la costa y habremos concluido. De hecho, sin embargo, la longitud que medimos depende de la escala que empleemos, pero de tal modo que la longitud puede aumentar sin límite (frente a la convergencia hacia un valor fijo), al menos hasta la escala atómica. Este desconcertante resultado —que el litoral de una isla, un país o un continente no tiene una longitud bien definida— fue comentado por primera vez por el matemático y físico inglés Lewis Fry Richardson, varios años antes de que Mandelbrot desarrollara la idea.

Richardson, un pacifista interesado en las raíces teóricas del conflicto internacional, quería saber si existía una conexión entre las posibilidades de que dos países entraran en guerra y la longitud de su frontera común. Durante la investigación de este problema, descubrió discrepancias significativas entre los valores citados por diferentes fuentes. La longitud de la frontera hispanolusa, por ejemplo, fue antaño cifrada por las autoridades españolas en tan solo 987 kilómetros, mientras que los portugueses le atribuían 1.214 kilómetros. Richardson se percató de que esta clase de discrepancias en las medidas no respondía al hecho de que alguien estuviese necesariamente equivocado, sino a que se empleaban en sus cálculos diferentes «varas de medir» o unidades de longitud mínimas. Si medimos la distancia entre dos puntos en un litoral o una frontera serpenteante con una gigantesca regla imaginaria de cien kilómetros de longitud, obtendremos un valor inferior al que obtendremos si usamos una regla cuya longitud es la mitad. Cuanto más corta es la regla, más pequeños los serpenteos que es capaz de tener en cuenta e incluir en la respuesta final. Richardson mostraba que la medida de la longitud de una costa o frontera serpenteante crecía sin límite conforme disminuía la vara de medir o la unidad de medida. Evidentemente, en el caso de la frontera hispanolusa, los portugueses

Gran Bretaña e Irlanda fotografiadas por el satélite *Terra* de la NASA el 26 de marzo de 2012.

habían efectuado su medición con una unidad de longitud más corta.

En el momento en que publicó sus hallazgos, en 1961, nadie prestó excesiva atención a este sorprendente descubrimiento, hoy denominado *efecto Richardson* o *paradoja de la línea de costa*. Pero al volver la vista atrás, se considera una contribución importante al desarrollo de una rama extraordinariamente novedosa de las matemáticas que Mandelbrot, el hombre que la hizo célebre, acabó describiendo como «hermosa, condenadamente difícil y cada vez más inútil». En 1975, Mandelbrot acuñó asimismo un nombre para las cosas extrañas que acontecían en el corazón de este novedoso campo de investigación: *fractales*. Un fractal es algo, como una curva o un espacio, con una dimensión fraccionaria.

Para ser un fractal, todo lo que una forma necesita es tener una estructura compleja a todas las escalas, por pequeñas que sean. La inmensa mayoría de las curvas o de las figuras geométricas que encontramos en matemáticas no son fractales. Un círculo, por ejemplo, no es un fractal, porque si enfocamos en primer plano progresivamente parte de la circunferencia del círculo, esta se asemeja cada vez más a una línea recta, tras lo cual no se revela nada nuevo con un aumento mayor. Un cuadrado tampoco es un fractal. Preserva la misma estructura en sus cuatro esquinas, y en todas las demás partes parece simplemente una línea recta tras enfocar en primer plano. Para ser considerado un fractal, no basta siquiera con tener una estructura compleja en un punto o en un número finito de puntos: tiene que existir ese tipo de estructura en todos los puntos. Otro tanto cabe decir de las formas en tres o más dimensiones. Las esferas y los cubos, por ejemplo, no son fractales. Pero existen muchas formas, en muchas dimensiones diferentes, que sí lo son.

Volviendo a la línea de costa de Gran Bretaña, un mapa a pequeña escala muestra solo las bahías, las ensenadas y las penínsulas más grandes. Ahora bien, si vamos a una playa, veremos elementos mucho más pequeños: calas, cabos y demás. Si mirásemos más de cerca todavía, con una lupa o un microscopio, seríamos capaces de discernir la estructura minúscula de los bordes de cada roca de la costa a escalas cada vez menores. En el mundo real, la posibilidad de enfocar en primer plano tiene un límite. Por debajo del nivel de los átomos y las moléculas, y quizá incluso mucho antes que estos, se vuelve absurdo hablar de más detalles relacionados con la longitud de las líneas de costa, y, en cualquier caso, la longitud varía, minuto a minuto, debido a la erosión y al flujo y al reflujo de las mareas. Con todo, la costa de Gran Bretaña, y el contorno de otras islas y países, son magníficas aproximaciones a los fractales, y esto explica por qué diferentes fuentes de datos ofrecen diferentes valores para las longitudes de las fronteras. Al observar un mapa de toda Gran Bretaña, no seríamos conscientes de todos los pequeños entrantes que veríamos si recorriéramos realmente la costa y, basándonos en el mapa, obtendríamos una longitud mucho menor. Paseando simplemente por la playa, pa-

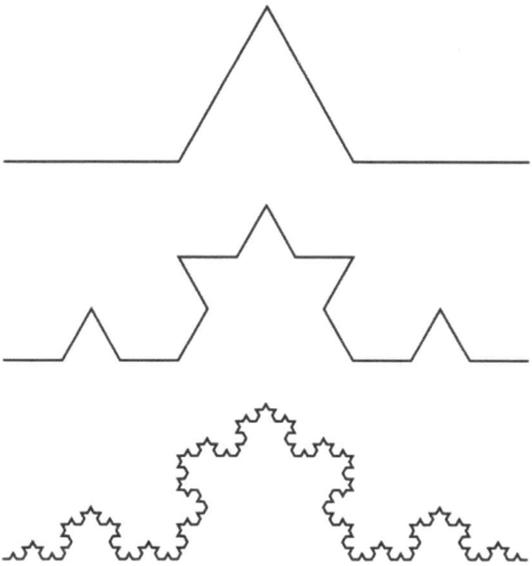

La primera, segunda y cuarta iteración de la curva de Koch.

saríamos por alto todas las finas estructuras de las rocas y obtendríamos una longitud mucho menor que si usáramos una regla de treinta centímetros o algo más preciso todavía para medir con mayor exactitud todos los pequeños entrantes y salientes. En realidad, la longitud crece de forma exponencial, cuanto más precisa se vuelve la medición, en lugar de aproximarse cada vez más a una cifra «verdadera» final. En otras palabras, si empleamos equipos de medición con la suficiente resolución, la longitud que obtenemos puede ser tan grande como queramos (una vez más, dentro de los límites fijados por la naturaleza atómica de la materia).

Al igual que los fractales naturales, como las líneas de costa, existen muchos fractales puramente matemáticos. Una manera simple de crear uno consiste en dividir una línea en tres secciones iguales, dibujar un triángulo equilátero, apuntando hacia fuera, que tenga como base la sección intermedia, y eliminar a continuación la sección que forma la base. Este proceso se repite luego partiendo de cada una de las cuatro secciones de línea resultantes, y se repite de nuevo para cada una de las nuevas secciones más cortas, y así sucesivamente, hasta donde se desee, o indefinidamente. El resultado final se conoce como la *curva de Koch*, en honor del matemático sueco Helge von Koch, que escribió sobre ella en un artículo de 1904. Tres de estas curvas de Koch puede unirse para formar lo que se conoce como el *copo de nieve de Koch*. La curva de Koch fue una de las primeras formas fractales que se construyeron. Otros dos fractales hoy familiares fueron descritos matemáticamente en el primer cuarto del siglo XX por el matemático polaco Wacław Sierpiński: el triángulo y la alfombra de Sierpiński. Para hacer el triángulo, Sierpiński partió de un triángulo equilátero y lo dividió en cuatro, cuyos lados tenían la mitad de la longitud del original. Luego, eliminó el central para dejar tres triángulos equiláteros, repitió el proceso con cada nuevo triángulo y siguió haciendo esto una y otra vez. Aunque el estudio matemático serio de estos objetos no se remonta a mucho más de un siglo, los artistas los conocen desde la Antigüedad. El triángulo de Sierpiński, por ejemplo, aparecía en el arte italiano, como los mosaicos de la catedral de Anagni, ya en el siglo XIII.

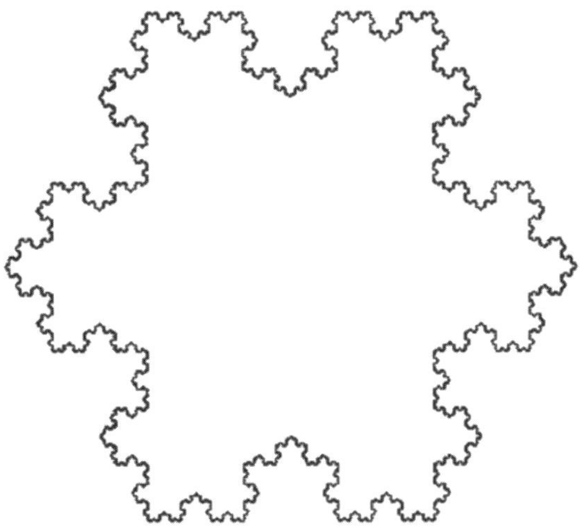

El copo de nieve de Koch.

Entre las propiedades más interesantes y contraintuitivas de los fractales está su dimensión. Al oír la palabra *dimensión*, suelen venirnos a la mente un par de ideas, una relacionada con el tamaño global de algo (como en las *dimensiones* de una habitación) y la otra referida a una dirección espacial única, que es la clase de dimensión de la que hablamos en el capítulo 2. Decimos que un cubo es tridimensional porque sus lados siguen tres direcciones diferentes que forman ángulos rectos entre sí. Esta segunda comprensión intuitiva de la dimensión, relacionada con el número de direcciones perpendiculares en las que es posible desplazarse, equivale aproximadamente a lo que en matemáticas se denomina *dimensión topológica*. Una esfera tiene dimensión topológica 2 porque podemos desplazarnos por ella en las direcciones dadas por el norte y el sur, o el este y el oeste. Una bola, por su parte, tiene dimensión topológica 3 porque tiene, asimismo, un arriba y un abajo, y el abajo es hacia el centro y el arriba se aleja del centro, como en la Tierra. La dimensión topológica puede ser incluso 4 o mayor, como vimos en el capítulo 2 (por ejemplo, un teseracto tiene dimensión topológica 4), pero es siempre un número entero. Sin embargo, la dimensión fractal es diferente y mide, *grosso modo*, cómo llena una curva el plano o cómo llena una superficie el espacio.

Existen muchas formas diferentes de la dimensión fractal, pero una de las más fáciles de captar es la dimensión por recuento de cajas, también conocida como la *dimensión de Minkowski-Bouligand*. Para calcularla, en el caso de la línea de costa de Gran Bretaña, cubriríamos un mapa de la línea de costa con una cuadrícula transparente de cuadrados pequeños y contaríamos el número de celdas que coinciden parcialmente con la costa. A continuación, dividiríamos por la mitad el tamaño de las celdas y volveríamos a contar. Si hiciésemos esto con una línea recta, el número de celdas simplemente se duplicaría, o se elevaría según un factor de 2^1, donde el exponente (1) es la dimensión por recuento de cajas. Si lo hiciéramos con un cuadrado, el número de cajas se cuadruplicaría, o crecería según un factor de 2^2, que da una dimensión de 2, y en el caso de un cubo (usando una cuadrícula tridimensional), el número de cajas se incrementaría según un factor de 8, = 2^3, porque un cubo es tridimensional.

La mayoría de las formas en las que acostumbramos a pensar tienen como dimensión un número entero: 1, 2 o 3. Pero los fractales son diferentes. En el caso del copo de nieve de Koch, para simplificar las cosas, podemos valernos del hecho de que cada uno de sus elementos, la curva de Koch, está formado por cuatro curvas de Koch más pequeñas. Si reducimos el tamaño de las celdas de nuestra cuadrícula por un factor de 3, podemos dividir la curva de Koch en cuatro réplicas más pequeñas, cada una de un tercio del tamaño. Cada réplica más pequeña tiene tantas celdas pequeñas superpuestas sobre ella como la copia más grande tenía con las celdas originales, por lo que el número total de celdas se ha multiplicado por 4. Esto nos da la dimensión, d, de la curva de Koch (y asimismo del copo de nieve de Koch, que está formado por curvas de Koch) a partir de la relación $3^d = 4$. La solución de esta ecuación arroja un valor para d aproximadamente de 1,26, por lo que un copo de nieve de Koch tiene una dimensión aproximada de 1,26. Esto viene a indicarnos cuánto más serpenteante es un copo de nieve de Koch que una línea recta a cualquier escala que elijamos. O también podemos concebirlo como la medida en la que el copo de nieve de Koch llena el plano (bidimensional) en el que se encuentra; es demasiado detallado para ser unidimensional, pero demasiado simple para ser bidimensional. Una línea no contribuye en absoluto a llenar un plano porque no solo es infinitamente delgada, sino que también es simple en su forma. Un fractal, como una curva de Koch, es infinitamente delgado, pero tan enrevesado que, entre dos puntos cualesquiera, por muy próximos que puedan parecer cuando nos alejamos, existe una distancia infinitamente larga siguiendo la curva.

Al aplicar el método del recuento de cajas al triángulo de Sierpiński, desembocamos en un valor para d aproximadamente de

1,58. Esta situación, en la que los objetos pueden tener como dimensión un número no entero, parece muy extraña. Y la extrañeza desborda el ámbito de lo puramente matemático para invadir el mundo físico.

Los fractales, tales como el copo de nieve de Koch y el triángulo de Sierpiński, son autosemejantes, lo cual significa que están formados por copias cada vez más pequeñas de sí mismos. En la naturaleza, la mayoría de los fractales no son exactamente autosemejantes. Sin embargo, son estadísticamente autosemejantes, por lo que podemos seguir calculando su dimensión fractal aplicando el método de las cajas como antes. Cuando hacemos esto, la dimensión fractal de la línea de costa de Gran Bretaña resulta ser 1,25 aproximadamente, extraordinariamente similar a la del copo de nieve de Koch. En lenguaje simple, lo que esto significa es que la costa británica es una vez y cuarto más sinuosa o accidentada a todas las escalas que una línea recta o cualquier otra curva simple. Sudáfrica, en comparación, tiene una línea de costa mucho más suave y, en consecuencia, una dimensión fractal inferior a 1,05. Noruega, con su impresionante número de fiordos profundos y enrevesados, arroja una dimensión fractal de 1,52. El concepto puede aplicarse a otros fractales naturales, un ejemplo notable de los cuales es el pulmón humano. Dado que el propio pulmón es obviamente tridimensional, cabría esperar que su superficie fuese bidimensional. Sin embargo, el pulmón ha evolucionado hasta tener un área superficial enorme (entre 80 y 100 metros cuadrados, aproximadamente la mitad del área de una pista de tenis) con el fin de ser capaz de intercambiar gases lo más rápido posible. Tan enrevesada es la superficie pulmonar, con todos sus innumerables pliegues y diminutos sacos de aire o alveolos, que casi llena el espacio que contiene. Su dimensión de cajas resulta ser alrededor de 2,97, por lo que, medida de esta manera, es casi tridimensional.

En el mundo real existen solamente tres dimensiones espaciales, pero a veces también se considera el tiempo como la «cuarta dimensión». No es de extrañar, pues, que los fractales puedan existir en el tiempo al igual que en el espacio. Un ejemplo económico es el mercado bursátil. A lo largo del tiempo pueden producirse grandes fluctuaciones al alza y a la baja en el valor de las acciones, algunas de las cuales tienen lugar durante un periodo de varios años, mientras que otras (como los cracs) pueden suceder muy deprisa. Existen asimismo fluctuaciones menores, cuando las acciones suben y bajan aparentemente al margen de las tendencias a gran escala, y también fluctuaciones más pequeñas aún, que ocurren muchas veces al día, cuando las acciones individuales suben y bajan ligeramente. Con la informatización del mercado bursátil, estas tendencias pueden seguirse hasta intervalos muy pequeños de tiempo, minuto a minuto, e incluso de un segundo al siguiente.

Otro ejemplo de un fractal basado en el tiempo es algo con lo que ya nos hemos topado: la longitud cambiante de la línea de costa de una isla como Gran Bretaña. En un momento dado, la línea de costa es un fractal puramente espacial, cuya longitud medida depende del factor de ampliación. Pero con el transcurso del tiempo, como mencionamos con anterioridad, se producen variaciones adicionales debidas a la continua erosión (y sedimentación), el flujo y reflujo de las mareas e incluso las olas individuales, amén del ascenso o descenso prácticamente imperceptibles de masas terrestres enteras debido a la actividad tectónica.

De todos los fractales conocidos por los matemáticos, uno sobresale por su increíble complejidad. Esta fantástica figura no solo posee estructura en todas las escalas, sino que en diferentes puntos a diferentes escalas puede parecer que se trata de dos fractales completamente distintos. Es el famoso *conjunto de Mandelbrot*, descrito por el autor estadounidense James Gleick en su libro *Chaos (Caos)*,* tal vez de manera discutible, como «el objeto más complejo de las matemáticas». Pese a que lleva el nombre de Benoît Mandelbrot, ha existido una cierta disputa sobre su autén-

* Barcelona, Crítica, 2012.

tico descubridor. Dos matemáticos han sostenido que lo descubrieron de forma independiente aproximadamente en el mismo momento, en tanto que otro, John Hubbard, de la Universidad de Cornell, ha señalado que a principios de 1979 acudió a IBM y enseñó a Mandelbrot a programar un ordenador para trazar partes de lo que, tras la publicación de un artículo sobre el tema por parte de este al año siguiente, llegaría a conocerse como el conjunto de Mandelbrot. Da la impresión de que Mandelbrot fue un buen divulgador del campo de los fractales e ideó formas ingeniosas de exhibir sus imágenes, pero que no fue nada generoso a la hora de reconocer los méritos de otros matemáticos.

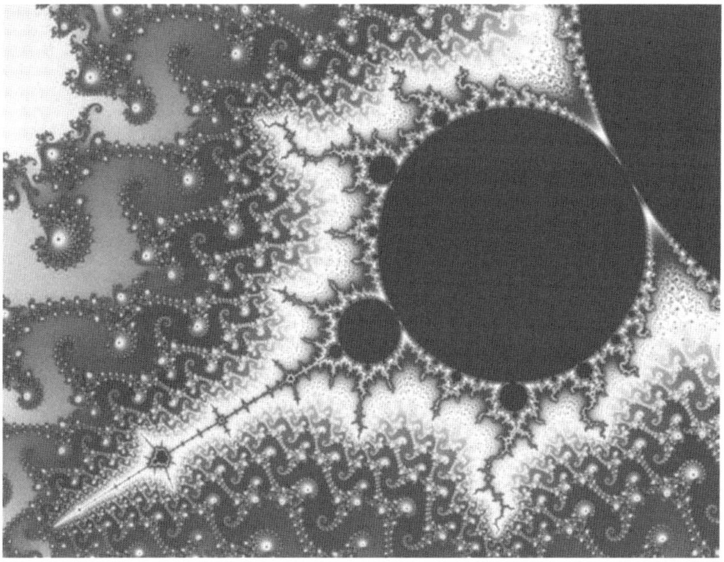

Vista parcial del conjunto de Mandelbrot.

Aunque el conjunto de Mandelbrot es extraordinariamente laberíntico, se origina a partir de una regla muy simple, que se aplica una y otra vez. En esencia, la regla es la siguiente: tómese un número, elévese al cuadrado y añádasele un número fijo. Aplíquese luego de nuevo la fórmula al resultado y continúese este proceso de iteración. Los números en cuestión son números complejos, lo cual significa que cada uno de ellos está formado por un número real y uno «imaginario» (una serie de veces la raíz cuadrada de –1). La forma fractal surge cuando los valores real e imaginario de cada número se representan en un gráfico.

Para desarrollar un poco esta idea, supongamos que partimos de un número complejo z y de una constante c, que es también un número complejo. Una vez elegido un valor para z, le aplicamos la regla «multiplicar z por sí mismo y añadir c», o $z^2 + c$. Esto nos da un nuevo valor para z, al que volvemos a aplicar la misma regla para obtener el siguiente valor de z. Algunos valores de z permanecerán invariables y otros se repetirán en un ciclo antes de regresar finalmente a su valor original. Cualquiera de estos valores, que, o bien permanece invariable, o bien se repite en un ciclo, se dice que es estable si podemos variar muy ligeramente z y hacer que el nuevo valor siga un camino que permanezca muy próximo al original. Esto se asemeja a la situación de una pelota en un valle. Si la pelota se mueve ligeramente, volverá a rodar hasta su posición original y, por consiguiente, es estable. Por otra parte, una pelota en la cima de una montaña, incluso si se le da un leve empujón, rodará montaña abajo y seguirá un camino completamente diferente, por lo que esta posición en la cima de la montaña es inestable.

Los puntos estables de entre aquellos que permanecen invariables o están en un ciclo se conocen como *atractores*. Hay también otros puntos, no necesariamente muy próximos a un atractor en un principio, que se acercan cada vez más a este a medida que continúa el proceso de iteración. Estos forman la *cuenca de atracción* de c. Otros puntos pueden alejarse cada vez más y divergir hacia el infinito. El límite de la cuenca de atracción se conoce como el *conjunto de Julia* para c. Los conjuntos de Julia deben su nombre al matemático francés Gaston Julia, que, junto con su compatriota Pierre Fatou, llevó a cabo en la primera década del siglo XX trabajos pioneros sobre el tema de la dinámica compleja. Si iteramos cualquier punto del conjunto de Julia, el punto resultante seguirá perteneciendo al conjunto de Julia, pero puede desplazarse por él sin acomodarse a ningún patrón de repetición.

El conjunto de Julia más simple posible se obtiene cuando $c = 0$, porque entonces la regla para obtener nuevos valores de z pasa a ser simplemente «multiplicar z por sí mismo». ¿Qué le sucede a un número complejo z cuando se itera de esta manera? Si z parte del interior del círculo unitario (un círculo de radio 1) con centro en 0, avanzará rápidamente en espiral hacia 0. Si z está fuera de este círculo, avanzará rápidamente en espiral hacia el infinito. Por consiguiente, el conjunto de Julia es el límite del círculo unitario, la base de la atracción se halla en todo el interior del círculo unitario, y el atractor es el punto 0. Imaginemos que el conjunto de Julia cuando $c = 0$ es como una bola de acero colocada exactamente entre dos imanes; la bola estará quieta (en el conjunto de Julia, aunque en la práctica, z puede moverse de manera impredecible siempre que permanezca en el conjunto de Julia), pero si se colocara de un modo ligeramente diferente, sería atraída rápidamente por un imán. En este caso, uno de los imanes representa el 0, y el otro, el infinito.

Este conjunto de Julia no es particularmente interesante, y desde luego no es un fractal. Ahora bien, aparte de $c = 0$, el conjunto de Julia forma de hecho fractales y puede adoptar múltiples formas diferentes. Unas veces, un conjunto de Julia está conectado y otras veces no. Cuando no lo está, adopta la forma de polvo de Fatou, que, como el nombre sugiere, es una nube de puntos desconectados. El polvo de Fatou es en realidad un fractal con dimensión inferior a 1.

El conjunto de Mandelbrot es el conjunto de todos los valores de c para los que el conjunto de Julia está conectado. Es uno de los fractales más reconocibles, si bien es contraintuitivo. Aunque el conjunto de Mandelbrot está conectado, hay puntos diminutos que no parecen estar unidos a él, pero de hecho lo están, mediante filamentos extremadamente finos. Al ampliarlos, estos puntos resultan ser réplicas del conjunto de Mandelbrot entero, lo cual puede parecer sorprendente en un principio, pero en realidad encaja con nuestra comprensión de la naturaleza de los fractales. Ahora bien, estas ramificaciones son réplicas imperfectas, no existen dos exactamente idénticas, y por un excelente motivo que resulta ser una de las propiedades más profundas del conjunto de Mandelbrot. Si enfocamos en primer plano cualquier punto del límite del conjunto de Mandelbrot, este empieza a asemejarse cada vez más al conjunto de Julia en ese punto. El conjunto de Mandelbrot, un único fractal, contiene una infinidad de fractales completamente diferentes en la forma de una amplia gama de conjuntos de Julia, a lo largo de su límite. De hecho, el conjunto de Mandelbrot se ha descrito como un catálogo de conjuntos de Julia. Su límite es tan extraordinariamente complejo que resulta ser bidimensional, aunque se conjetura que tenga área 0.

Los fractales ejemplifican con frecuencia un principio sencillo, si bien contraintuitivo: es posible generar estructuras y patrones extraordinariamente complejos a partir de reglas extremadamente simples. El copo de nieve de Koch se genera mediante una regla que hasta un niño sería capaz de entender (añádase simplemente un triángulo equilátero al tercio medio de cada línea) y, sin embargo, posee una estructura compleja, aunque regular. El conjunto de Mandelbrot es harto más complejo, pero, una vez más, surge de una serie de instrucciones asombrosamente simples. Partimos de la función $z^2 + c$, y, examinando las propiedades y formulando preguntas, llegamos a un fractal que tiene una complejidad desconcertante y parece completamente diferente en distintos puntos. Utilizando un ordenador a modo de microscopio, es posible enfocar en primer plano cualquier parte del conjunto de Mandelbrot y descubrir patrones dentro de patrones, que nunca se repiten exactamente y nunca alcanzan un final.

Los fractales tienen otra propiedad interesante. Como hemos visto, la dimensión fractal del copo de nieve de Koch es 1,26, lo cual nos da una idea de lo «accidentado» que es, o de lo bien que llena el plano. Si tomamos una línea arbitraria que corte el copo de nieve de Koch, la intersección es casi siempre en sí misma un fractal con dimensión 0,26 (existen algunos casos degenerados, como una línea de simetría, que genera dos puntos aislados para una dimensión fractal de 0). Esto es cierto para cualquier fractal con dimensión entre 1 y 2, ambos inclusive. Por ejemplo, casi todas las líneas que cortan el límite del conjunto de Mandelbrot forman un fractal con dimensión 1, aunque constan de puntos desconectados y tienen longitud 0.

Si consideramos los fractales de dimensión inferior a 1, sucede algo distinto. Todos estos fractales constan de una nube de puntos aislados. Un ejemplo es el polvo de Fatou. El resultado sorprendente es que casi todas las líneas que cruzan el polvo de Fatou lo hacen en un único punto, para una dimensión fractal de 0, mientras que casi todas las líneas en general, incluso si se limitan a las que atraviesan el polvo de Fatou, no lo cortarán jamás.

Todos estos fractales existen en el espacio bidimensional. Podemos descender incluso al espacio unidimensional y hallar fractales que constan de nubes desconectadas de puntos y tienen una dimensión fractal igual o inferior a 1. El ejemplo más célebre es el conjunto de Cantor. Empecemos por tomar un segmento de línea. Eliminemos el tercio medio dejando dos segmentos de línea separados. Hagamos lo mismo una y otra vez. Al final, todos los segmentos han sido reducidos a puntos desconectados que comprenden un fractal con una dimensión fractal aproximadamente de 0,63.

Los fractales están relacionados con otro fenómeno de las matemáticas conocido como caos. Ambos surgen de funciones iteradas, o reglas que se aplican una y otra vez de forma cíclica. Cada iteración toma como *input* o entrada el estado de la iteración anterior para producir el estado siguiente. En el caso de los fractales, las iteraciones generan un patrón repetido o un tanto repetido que jamás llega a su fin por mucho que acerquemos el zum. Las características distintivas del caos son la complejidad carente de todo patrón de repetición y la sensibilidad extrema a las condiciones iniciales o a la situación de partida del sistema.

La propia palabra *caos* es griega y, en su forma original, significa «hueco» o «vacío». En las concepciones clásicas y mitológicas de la creación, era el estado informe a partir del cual surgió el universo. En matemáticas y en física, el caos o estado caótico es equivalente a la aleatoriedad o la falta de patrón. Pero la teoría del caos es diferente de todo esto y se refiere al comportamiento de los sistemas dinámicos no lineales bajo ciertas condiciones. El comportamiento del clima nos brinda un ejemplo familiar. Hoy en día podemos pronosticar fácilmente el tiempo a corto plazo, durante unos pocos días o una semana, y acertar en la mayoría de las ocasiones. Pero no existen pronósticos fiables para escalas de tiempo más largas, como un mes. Ello es debido al caos.

Supongamos que consideramos el tiempo a partir de unas condiciones iniciales particulares. Podemos calcular el pronóstico para el futuro a partir de dichas condiciones. Ahora bien, si variamos las condiciones al inicio aunque tan solo sea en una cantidad minúscula, el clima se tornará enseguida irreconociblemente diferente. Este hecho es el que condujo en primer lugar al descubrimiento del caos, por parte del matemático y meteorólogo estadounidense Edward Lorenz. En la década de 1950, estaba trabajando en un modelo matemáticamente simplificado del tiempo atmosférico. Introdujo los números en su ordenador y generó un gráfico, pero fue interrumpido a mitad del cálculo y tuvo que reiniciar el programa. En lugar de regresar al principio (lo cual habría requerido demasiado tiempo), comenzó en un punto intermedio e introdujo los resultados a partir de ahí. El gráfico que obtuvo al principio parecía concordar con el anterior, pero pronto divergió con rapidez, como si se tratase de un gráfico completamente diferente. La razón era que un ordenador almacena unos cuantos dígitos más de los que genera a efectos de redondeo. Cuando Lorenz reinició el programa, esos dígitos se perdieron, de tal forma que la entrada fue imperceptiblemente diferente del resultado inicial en ese punto. La diferencia fue amplificada por el programa hasta que divergió rápidamente. Esto dio lugar a un principio que Lorenz designó como *efecto mariposa*: una referencia al hecho de que si una mariposa aletea hoy podría provocar un huracán dentro de un mes.

Ecuaciones más simples que las utilizadas para predecir el tiempo atmosférico pueden mostrar este mismo efecto, y revelar el punto en el que los patrones y la predictibilidad fracasan y el caos toma el control. Supongamos que partimos de algún valor de x, donde x puede tomar cualquier valor entre 0 y 1, ambos inclusive. Entonces multiplicamos x por $(1 - x)$ y también por un número constante k, donde k es entre 1 y 4, ambos inclusive. Al nuevo valor de x se le aplica de nuevo esta fórmula, una y otra vez. En la jerga matemática, el proceso puede resumirse como: $x \rightarrow kx(1 - x)$ para $0 \leq x \leq 1$ y $1 \leq k \leq 4$. Lo que hallamos es que para los valores de k inferiores o iguales a 3, existe un atractor que consta de un único punto, hacia el que convergen todos los valores de x (aparte del 0 y el 1). Para los valores de k entre 3 y 3,45, el atractor consta de dos puntos, que se alternan. Cuando k yace entre 3,45 y 3,54, el atractor consta de cuatro puntos, luego de ocho, y así sucesivamente, duplicándose cada vez con más frecuencia. Aproximadamente en $k = 3{,}57$ tiene lugar un gran cambio, y la duplicación pasa de suceder cada vez más deprisa a suceder un número infinito de veces. En ese punto, el sistema nunca puede acomodarse a un patrón estable y deviene completamente caótico. El caos surge cuando un sistema predecible se torna totalmente impredecible. Por ejemplo, en este caso, cuando k es menor que 3, resulta simple predecir que después, pongamos por caso, de 100 iteraciones, un punto estará muy cerca del único atractor. Para k mayor que 3,57, no tenemos forma de predecir el comportamiento a largo plazo de ningún punto.

La duplicación de los puntos atractores (de un punto a dos, a cuatro, y así sucesivamente), que se producía cuando k excedía el valor 3 en el ejemplo que acabamos de examinar, está regida por una importante constante matemática conocida como *constante de Feigenbaum*. Podemos ver cómo surge este importante número en el periodo previo al caos. La primera fase, con un ciclo de un punto, tiene duración 2, porque dura desde $k = 1$ hasta $k = 3$. El segundo, con un ciclo de dos puntos, tiene una duración aproximada de 0,45, porque dura desde $k = 3$ hasta $k = 3{,}45$. La proporción 2:0,45 es aproximadamente 4,45. La tercera fase tiene una duración aproximada de 0,095. La proporción 0,45:0,095 es aproximadamente 4,74, y así sucesivamente. Estas proporciones acaban convergiendo hacia la constante de Feigenbaum, que es aproximadamente 4,669. Cada fase es exponencialmente más breve que la anterior, de suerte que cuando $k = 3{,}57$, los ciclos han ocurrido un número infinito de veces.

La constante de Feigenbaum surge del proceso que acabamos de considerar, pero lo que la convierte en fundamental para la teoría del caos es que puede encontrarse en todos los sistemas caóticos similares. Cualquiera que sea la ecuación, siempre que satisfaga ciertas condiciones básicas, tendrá ciclos que duplican su duración en función de la constante de Feigenbaum.

Para ver cómo los procesos caóticos pueden generar fractales, podríamos tomar el proceso iterativo anterior y representar gráficamente los atractores para cada k. La mayor parte de lo que aparece después de $k = 3{,}57$ es puro caos, pero existen unos cuantos valores de k para los que hay un atractor finito. Estos se conocen como *islas de estabilidad*. Una de estas islas se produce alrededor de $k = 3{,}82$, donde encontramos un atractor que consta solo de tres valores. Si acercamos el zum a cualquiera de estos valores, lo que vemos parece similar, aunque no exactamente idéntico, al gráfico entero.

En sus estudios pioneros sobre el caos, Lorenz descubrió asimismo una nueva clase de fractal, denominada *atractor extraño*. Los atractores ordinarios son simples, en el sentido de que los puntos convergen hacia ellos y luego siguen un ciclo fijo a lo largo de ellos. Pero los atractores extraños se comportan de manera diferente, como veremos. Lorenz empleó un sistema de ecuacio-

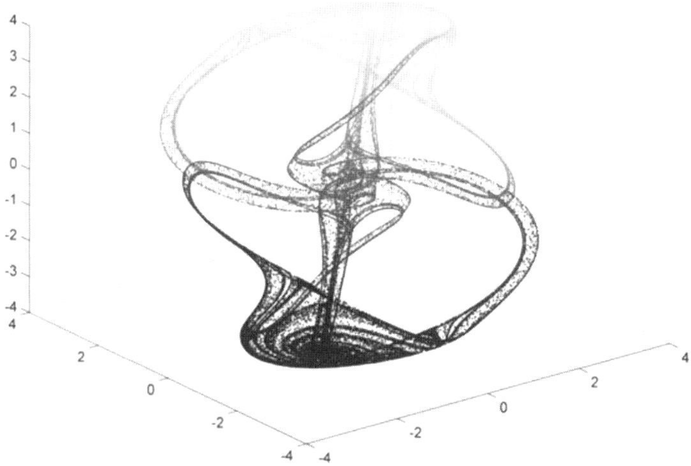

Un atractor extraño, conocido como atractor cíclicamente simétrico de Thomas.

nes diferenciales para formar el primer ejemplo de uno de ellos. Cuando acercaba el zum a cualquier punto de él, daba la impresión de infinitas líneas paralelas. Cualquier punto del atractor seguía un camino caótico a lo largo del atractor, sin regresar nunca exactamente a su posición original, y dos puntos que comenzaban muy próximos entre sí divergían rápidamente y terminaban siguiendo caminos muy diferentes. Hagamos una analogía física: imaginemos una pelota de pimpón y un océano. Si soltamos la pelota de pimpón sobre el océano, esta caerá rápidamente hasta alcanzar el agua. Si la soltamos debajo de la superficie, flotará enseguida. Pero una vez que esté sobre la superficie del océano, su movimiento se volverá impredecible y caótico. Análogamente, si un punto no está en un atractor extraño, se moverá rápidamente hacia él. Una vez que esté en el atractor extraño, sin embargo, se moverá de una manera caótica.

Explorar los fractales es fascinante, y figuran entre los objetos matemáticos visualmente más impresionantes. Pero también poseen una importancia extraordinaria en el mundo físico. Cualquier elemento de la naturaleza que parezca aleatorio e irregular puede ser un fractal. De hecho, cabría sostener que todo cuanto existe es un fractal, pues tendrá una estructura a todos los niveles, al menos hasta el nivel atómico. Las nubes, las venas de nuestras manos, las ramificaciones de nuestra tráquea, las hojas de un árbol: todo muestra una estructura fractal. En cosmología, la distribución de materia a través del universo es como un fractal, y su estructura puede descender por debajo del nivel atómico y nuclear hasta la mínima longitud a la que se ha atribuido significado físico, la denominada *longitud de Planck*, de tan solo $1{,}6 \times 10^{-35}$ metros, o en torno a una cienmillonésima de una billonésima parte del diámetro de un protón.

Los fractales no solo surgen en los patrones espaciales, sino también en los temporales. La batería es un caso ilustrativo. Resulta fácil programar un ordenador para que genere un patrón rítmico de batería o hacer que lo toque un robot músico. Ahora bien, los sonidos producidos por los baterías profesionales tienen algo que los distingue de los ritmos impecablemente precisos y perfectamente regulares de sus homólogos artificiales. Este «algo» son las leves variaciones en la cadencia y el volumen —las pequeñas desviaciones de la perfección—, que, como han revelado las investigaciones, son de naturaleza fractal.

Un equipo internacional de científicos analizó la forma de tocar la batería de Jeff Porcaro, miembro de la banda Toto y famoso por tocar con una sola mano, con rapidez y complejidad, el *charles* o *hi-hat*. Tanto en el ritmo como en el volumen de los toques de *charles* de Porcaro, los investigadores descubrieron patrones autosemejantes con estructuras en periodos de tiempo más largos que recordaban a estructuras presentes en intervalos temporales más breves. Los toques de Porcaro son el equivalente sónico de una línea de costa fractal, y revelan autosemejanza en diferentes escalas de duración. Más aún, los investigadores descubrieron que los oyentes prefieren exactamente este tipo de variación, frente a la percusión precisa o la producida de manera más aleatoria.

Los patrones fractales difieren de un batería a otro y forman parte de lo que define su estilo característico. Patrones similares ocurren cuando los músicos tocan otros instrumentos, y, aunque sutiles, son las ínfimas imperfecciones que distinguen al humano de la máquina.

Dado que muchas cosas del mundo que nos rodea son fractales, o buenas aproximaciones a ellos, un ordenador puede crear rápidamente una imagen de algo que se asemeje estrechamente a un elemento de la naturaleza, como puede ser un árbol. Lo único que necesita es una fórmula con la que trabajar y unos datos iniciales, y, en un abrir y cerrar de ojos, puede formar una representación increíblemente realista. Así pues, no es de extrañar que esta técnica consistente en representar rápidamente las nubes y mover el agua, los paisajes, las rocas, las plantas, los planetas y toda clase de elementos escénicos, se haya convertido en favorita para quienes trabajan con películas con imágenes generadas por ordenador, películas de animación, simuladores de vuelo y videojuegos. No se precisan bases de datos gigantescas que contengan todas las escenas y todos los objetos necesarios para producir una escena en movimiento realista, cuando el ordenador puede calcularlo todo sobre la marcha repitiendo en ciclos, a alta velocidad, unas cuantas reglas simples. Este enfoque promete desempeñar un papel relevante en la realidad virtual futura y en otras tecnologías inmersivas, cuyo objetivo es la generación de imágenes en 3D, indistinguibles del objeto real en tiempo real.

CAPÍTULO 5

La máquina fantástica de Turing

> Es posible inventar una única máquina que pueda utilizarse para computar cualquier secuencia computable.
>
> ALAN TURING

Los ordenadores parecen tener más en común con la ingeniería que con las matemáticas, y esto es cierto sin duda en lo atingente al *hardware* o a las aplicaciones de programación. Pero la teoría de la computación o informática teórica pertenece en gran medida al reino de las matemáticas. Nuestra travesía por las extrañas matemáticas de los ordenadores, para explorar los límites exteriores de lo que es posible computar, comienza hace casi un siglo, mucho antes de los primeros destellos de vida de los cerebros electrónicos.

En 1928, el matemático alemán David Hilbert, renombrado por desafiar a sus colegas a dar solución a cuestiones sin resolver, planteó lo que designó como el *Entscheidungsproblem* o «problema de la decisión». La pregunta era si siempre es posible encontrar un procedimiento paso a paso para decidir, en un tiempo finito, si un enunciado matemático dado es verdadero o no. Hilbert pensaba que la respuesta resultaría afirmativa, pero, en menos de una década, esa esperanza se había frustrado.

El primer golpe llegó en un artículo publicado en 1931 por el lógico de origen austriaco Kurt Gödel, cuya obra, que examinaremos con más detalle en el último capítulo, se ocupaba de los sistemas axiomáticos (conjuntos de reglas o axiomas que se consideran evidentemente verdaderos) que pueden utilizarse para obtener teoremas. Gödel demostró que en cualquier sistema axiomático lógicamente consistente, y suficientemente grande para abarcar todas las reglas de la aritmética, hay cosas necesariamente verdaderas, cuya verdad no puede demostrarse desde dentro del propio sistema. Los que se dieron en llamar *teoremas de incompletitud* de Gödel implicaban que siempre habría algunas verdades matemáticas indemostrables. Esta revelación provocó una conmoción desagradable para muchos, pero dejaba todavía la puerta abierta a la cuestión de la *decidibilidad* de las proposiciones matemáticas, es decir, de hallar una serie de pasos o un algoritmo que permitiese decidir con seguridad si una determinada proposición era o no demostrable, y, en caso de que fuese demostrable, si era verdadera o falsa. Sin embargo, pronto se cerró de golpe también esa puerta, en parte debido a un joven inglés, Alan Turing, que contribuyó a emitir el veredicto final sobre el *Entscheidungsproblem*.

La vida de Turing fue una mezcla de triunfo y de tragedia: triunfo, porque fue un genio que contribuyó a fundar la informática y a acortar la Segunda Guerra Mundial, y tragedia, debido a la forma en que la sociedad trataba a los homosexuales en aquella época. Desde una edad temprana resultaba evidente que Turing poseía un talento extraordinario para las matemáticas y las ciencias. Este se hizo patente en la escuela Sherborne, en Dorset, en la que empezó a estudiar en 1926 cuando contaba trece años. Uno de sus compañeros fue Christopher Morcom, otro alumno destacado con quien Turing forjó una profunda amistad. La muerte repentina de Morcom en 1930 ejerció un profundo impacto en Turing. Se sumergió con más determinación aún en sus estudios matemáticos y adquirió, debido a la pérdida, un vivo interés en la naturaleza de la mente y en la posible supervivencia del espíritu tras la muerte, un asunto para el que pensaba que podría hallar una solución en la mecánica cuántica.

Durante sus estudios de grado en Cambridge, Turing participó en un curso de lógica durante el cual entraría en contacto con el *Entscheidungsproblem*. Decidió centrarse en este problema como parte de su investigación de posgrado, convencido de que Hilbert estaba equivocado. A su juicio, no siempre existía un algoritmo para decidir si una afirmación matemática concreta podía o no demostrarse. Para abordar el problema de la decisión, Turing necesitaba un modo de implementar los algoritmos en general: un mecanismo ideal capaz de ejecutar cualquier conjunto lógico de instrucciones que le fuese dado. Lo que inventó fue una máquina puramente abstracta (que bautizó como máquina-*a* —*a* de «automática»—, aunque no tardaría en conocerse como máquina de Turing), que jamás pretendió que se construyese efectivamente. Su diseño es deliberadamente muy básico y resultaría exasperantemente lenta de operar. Tan solo pretendía ser un modelo matemático de una máquina de computación y difícilmente podría ser más simple.

La máquina de Turing consta de una cinta indefinidamente larga dividida en cuadrados, en cada uno de los cuales puede haber un 1, un 0 o un espacio en blanco, y un cabezal de lectura y escritura. El cabezal escanea un cuadrado cada vez y ejecuta una acción basada en el estado interno del cabezal, los contenidos del cuadrado y la instrucción actual en su registro de estados o programa. La instrucción podría ser, por ejemplo: «Si estás en el estado 18 y el cuadrado que estás mirando contiene un 0, entonces cámbialo a 1, desplaza la cinta un cuadrado a la izquierda y pasa al estado 25».

Al principio, en la cinta de la máquina hay un *input* o entrada, en la forma de un patrón finito de 1 y 0. El cabezal de lectura/escritura está situado sobre el primer cuadrado de la entrada, digamos que el que está más a la izquierda, y sigue la primera instrucción que se le ha dado. Va avanzando gradualmente por la lista de instrucciones o programa y transforma la serie inicial de 1 y 0 de la cinta en una serie diferente, hasta que por fin se detiene. Cuando la máquina alcanza ese estado final, lo que queda en la cinta es el *output* o salida.

Un ejemplo muy simple sería añadir uno más a una sucesión de n veces 1; en otras palabras, convertir n en $n + 1$. La entrada sería la serie de unos seguidos por una casilla en blanco o, en el caso especial en el que $n = 0$, solo una casilla en blanco. La primera instrucción diría al cabezal de lectura/escritura que empezase en la primera casilla no blanca, o en cualquier casilla si se supiese que la cinta estaba completamente en blanco, y que leyese lo que aparecía en la casilla. Si se tratara de un 1, la instrucción sería dejarlo sin modificar y desplazarse una casilla hacia la derecha permaneciendo en el mismo estado; si se tratara de un espacio en blanco, la instrucción sería escribir 1 en esa casilla y detenerse. Una vez añadido 1 a la serie, podría indicarse al cabezal que se detuviese donde estuviera o bien que regresara al inicio, posiblemente para repetir de nuevo el proceso entero y añadir uno más al total. Alternativamente, cabría introducir un estado diferente cuando el cabezal de lectura/escritura se situase en el 1 final y continuase a partir de ahí un nuevo programa de acciones.

Algunas máquinas de Turing podrían no detenerse nunca, o no detenerse nunca con una entrada dada. Por ejemplo, una máquina de Turing instruida para desplazarse siempre hacia la derecha, independientemente de lo que encuentre en los cuadrados que lea, no se detendrá jamás, y es fácil saber esto con antelación.

Turing concibió después una clase específica de máquina, que hoy conocemos como *máquina universal de Turing*. En teoría, esta era capaz de ejecutar cualquier programa posible. La cinta constaría de dos partes distintas. Una parte codificaría el programa mientras que la otra contendría la entrada. El cabezal de lectura/escritura de una máquina universal de Turing se desplazaría entre estas partes y ejecutaría las instrucciones del programa sobre la entrada. Se trata de un dispositivo realmente simple: una cinta infinitamente larga que contiene tanto el programa que ha de ejecutarse como la entrada/salida, así como un cabezal de lectura/escritura. Puede realizar solo seis operaciones básicas: leer, escribir, desplazarse hacia la izquierda, desplazarse hacia la derecha, cambiar de estado y detenerse. Sin embargo, pese a esta simplicidad, la máquina universal de Turing posee una capacidad asombrosa.

Probablemente, tengas al menos un ordenador, que puede tener cualquier sistema operativo: tal vez alguna versión de Windows, o de MacOS o de Android, o algún otro sistema, como Linux. Los fabricantes gustan de indicar las ventajas y las características especiales de sus propios sistemas operativos, que los distinguen de la competencia. No obstante, desde un punto de vista matemático, dados el tiempo y la memoria suficientes, todos los diferentes sistemas operativos son idénticos. Más aún, todos son equivalentes a una máquina universal de Turing, que a primera vista parece demasiado simple para ser tan potente, en lo que concierne a la capacidad aunque no a la eficiencia, como cualquier ordenador existente.

La máquina universal de Turing condujo a un concepto conocido como *emulación*. Un ordenador puede emular a otro si es capaz de ejecutar un programa (¡denominado *emulador*!) que lo convierte efectivamente en dicho ordenador. Por ejemplo, un ordenador que funciona con MacOS puede ejecutar un programa que le haga comportarse como si funcionara con Windows, si bien este ocupa mucha memoria y es lento procesando. Si semejante emulación resulta posible, ambos ordenadores serán matemáticamente equivalentes.

Un programador puede escribir también con bastante facilidad un programa que posibilite que cualquier ordenador emule cualquier máquina de Turing específica, incluida una máquina universal de Turing (una vez más, suponiendo que se encuentre disponible una cantidad ilimitada de memoria). Análogamente, una máquina universal de Turing puede emular a cualquier otro ordenador ejecutando un emulador apropiado. La conclusión es que todos los ordenadores, si disponen de suficiente memoria, pueden ejecutar los mismos programas, si bien puede ser preciso codificarlos en ciertos lenguajes específicos dependiendo de la configuración del sistema.

Ha habido incluso diversas implementaciones físicas que han seguido el diseño original de Turing. Estas se han realizado principalmente, o bien como un ejercicio de ingeniería, o bien para explicar cómo funciona la computación simple. Varias de ellas se han construido utilizando Lego, incluida una fabricada con un solo juego de Lego Mindstorms NXT. En contraste, el modelo operativo creado por el inventor de Wisconsin Mike Davey «encarna el clásico aspecto y el tacto de la máquina presentada en el artículo de Turing», y se halla expuesto en el Museo de Historia de los Ordenadores de Mountain View, California.

Como ya hemos mencionado, el auténtico propósito de Turing al concebir su ingenioso dispositivo era resolver el problema

Máquina de Turing, con la forma concebida originalmente por Alan Turing, construida por Mike Davey.

de la decisión de Hilbert, lo que llevó a cabo en 1936 en un artículo titulado «On Computable Numbers with an Application to the Entscheidungsproblem» [Sobre los números computables, con una aplicación al *Entscheidungsproblem*]. Una máquina universal de Turing puede detenerse o no, dada cualquier entrada. Turing preguntaba: ¿es posible determinar si se detiene o no? Podemos probar a hacerla funcionar indefinidamente y ver lo que sucede. Sin embargo, si se mantuviese en funcionamiento durante mucho tiempo y decidiésemos abandonar en un punto dado, nunca sabríamos si la máquina de Turing iba a detenerse justo después de ese punto o más adelante, o si continuaría para siempre. Por supuesto, es posible evaluar el resultado caso a caso, del mismo modo que podemos determinar si una máquina de Turing simple se detiene alguna vez. Pero lo que Turing deseaba saber era si existía un algoritmo general capaz de decidir el resultado —si la máquina se para o no— para todas las entradas. Esto se conoce como el *problema de la detención*, y Turing demostró que no existe ningún algoritmo semejante. A continuación, pasó a demostrar, en la parte final de su artículo, que esto implica la imposibilidad de resolver el *Entscheidungsproblem*. Podemos tener la certeza de que, por muy ingenioso que sea un programa, nunca puede determinar en todos los casos si cualquier otro programa terminará.

Un mes antes de la publicación del trascendental artículo de Turing, el lógico estadounidense Alonzo Church, que fuera el director de tesis de Turing, publicó de manera independiente un artículo que llegaba a la misma conclusión, pero empleando un enfoque completamente diferente denominado *cálculo lambda*. Al igual que la máquina de Turing, el cálculo lambda ofrece un modelo universal de computación, pero más desde el punto de vista de un lenguaje de programación que de un *hardware*; se ocupa de los combinadores, que son esencialmente funciones que actúan sobre otras funciones. Tanto Church como Turing, utilizando sus diferentes métodos respectivos, llegaron básicamente al mismo resultado, que llegaría a conocerse como *tesis de Church-Turing*. La clave radica en que algo puede ser calculado o evaluado por los seres humanos (ignorando la cuestión menor de la limitación de recursos) solo si es computable mediante una máquina de Turing o un dispositivo equivalente a una máquina de Turing. Que algo sea computable significa que, dado el programa como entrada (codificado como binario), una máquina de Turing puede funcionar y acabar generando la respuesta (similarmente codificada) como salida. Una implicación crucial de la tesis de Church-Turing es que resulta imposible hallar una solución general al *Entscheidungsproblem*.

Aunque Turing inventó su máquina para solucionar un problema matemático, sentó efectivamente las bases para el desarrollo de los ordenadores digitales. Todos los ordenadores modernos hacen básicamente lo mismo que las máquinas de Turing, y el concepto se usa asimismo para medir la fortaleza de los conjuntos de instrucciones informáticas y los lenguajes de programación. Se dice que estos son Turing-completos, y, por tanto, que están en la cúspide de las fortalezas de los programas informáticos, si pueden utilizarse para simular cualquier máquina Turing de una sola cinta.

Nadie ha ideado todavía una forma de computar las cosas capaz de hacer más de lo que hace una máquina de Turing. Los desarrollos recientes en los ordenadores cuánticos parecen ofrecer a primera vista un modo de trascender los poderes de la máquina de Turing. Pero, de hecho, incluso un ordenador cuántico, dado el tiempo suficiente, puede ser emulado por un ordenador ordinario (clásico). Para ciertos tipos de problemas, los ordenadores cuánticos pueden ser mucho más eficientes que cualquier equivalente clásico, pero, a la postre, todo aquello que son capaces de hacer puede ser realizado con el simple dispositivo ideado por Turing. Lo que esto demuestra es que hay ciertas cosas que no podemos aspirar a computar y obtener una respuesta general cuya exactitud esté garantizada (si bien podemos ser capaces de hacerlo para cada caso particular).

Hay otras cosas en matemáticas que superficialmente no se parecen en nada a las máquinas de Turing, pero que resultan ser equivalentes a ellas por emulación. Un ejemplo es el juego de la vida, ideado por el matemático inglés John Conway. El juego es fruto del interés de Conway por un problema investigado en la década de 1940 por el matemático y pionero de la informática estadounidense John von Neumann. ¿Podría idearse una máquina hipotética capaz de crear copias exactas de sí misma? Von Neumann descubrió que sí que era posible, creando un modelo matemático para una máquina semejante, basado en reglas muy complejas en una cuadrícula rectangular. Conway se preguntaba si habría una forma mucho más simple de ofrecer el mismo resultado, y llegó así al juego de la vida. El juego de Conway precisa de una cuadrícula cuadrada (teóricamente) infinita de celdas o células que pueden colorearse de negro o de blanco. Se establece algún patrón inicial de celdas o células negras y luego se permite que evolucione conforme a dos reglas:

1. Una célula negra sigue siendo negra si exactamente 2 o 3 de sus 8 vecinas son negras.
2. Una célula blanca se convierte en negra si exactamente 3 de sus vecinas son negras.

Y eso es todo. Sin embargo, a pesar de que hasta un niño es capaz de jugar a él, el juego de la vida posee toda la capacidad de una máquina universal de Turing y, por consiguiente, de cualquier ordenador que jamás se haya construido. El extraordinario juego de Conway se granjeó por primera vez la atención del mundo en su conjunto a través de la columna de Juegos Matemáticos de Martin Gardner, en la edición de octubre de 1970 de *Scientific American*. Gardner presentó a sus lectores algunos de los patrones básicos de vida, tales como el «bloque» *(block)*, un solo rectángulo negro de 2 por 2, que bajo las reglas del juego nunca cambia, y el «parpadeador» *(blinker)*, un rectángulo negro de 1 por 3, que alterna entre dos estados, uno horizontal y otro vertical, y que mantiene un centro fijo. El «planeador» *(glider)* es una figura de 5 unidades que se mueve en diagonal la distancia de un cuadrado cada 4 turnos.

Conway pensaba en un principio que ningún patrón elegido de entrada crecería indefinidamente, sino que todos los patrones acabarían alcanzando un estado estable u oscilatorio, o se extinguirían por completo. En el artículo de Gardner de 1970 sobre el juego, Conway lanzó un reto con una recompensa de cincuenta dólares para la primera persona que fuese capaz, o bien de de-

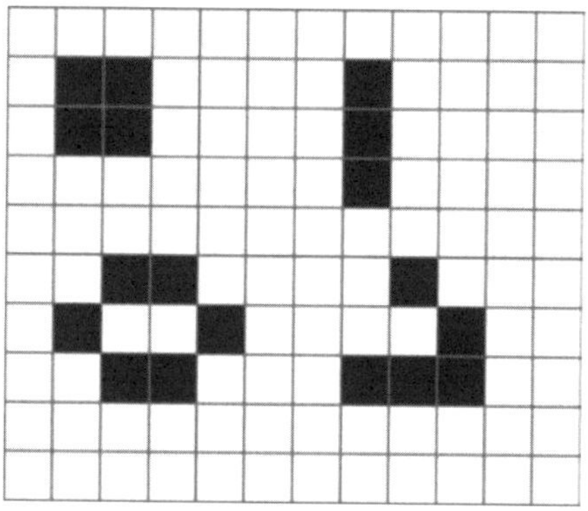

Cuatro patrones comunes de vida. A la izquierda hay un «bloque» *(arriba)* y una «colmena» *(abajo)*. Ambos son «vidas estáticas», lo cual significa que permanecen invariables en cada generación. El patrón superior derecho es un «parpadeador», el oscilador más común, que regresa a su posición inicial tras varias generaciones. En este caso, alterna entre una forma vertical y horizontal. El patrón inferior derecho es un «planeador».

Un «planeador», en cuatro generaciones, se desplaza una celda en diagonal.

mostrar, o bien de refutar esta conjetura. En cuestión de semanas, el premio había sido reclamado por un equipo del MIT dirigido por el matemático y programador Bill Gosper, uno de los fundadores de la comunidad *hacker*. La denominada pistola de planeadores de Gosper, como parte de su actividad repetitiva e interminable, dispara una ráfaga de planeadores a un ritmo de uno cada treinta generaciones. Amén de ser fascinante observarlo, esto se revela asimismo sumamente interesante desde un punto de vista teórico. En última instancia, las pistolas de Gosper son cruciales para la construcción de ordenadores en vida, pues las corrientes de planeadores que emiten pueden considerarse análogas a los electrones en un ordenador. En un ordenador real, sin embargo, necesitamos formas de controlar estas corrientes con el fin de computar realmente, y aquí es donde intervienen las puertas lógicas.

Una puerta lógica es un componente electrónico que recibe una o más señales como entrada y genera una señal como salida. Es posible construir un ordenador a partir de un solo tipo de puerta lógica, pero el uso de tres tipos facilita enormemente la tarea. Las puertas en cuestión son NO, Y y O. Una puerta NO produce una señal alta como salida si, y solo si, recibe una señal baja como entrada. Una puerta Y produce una señal alta como salida si, y solo si, sus dos entradas son altas. Una puerta O produce una señal alta si, y solo si, al menos una entrada es alta. Estas puertas pueden combinarse para formar circuitos capaces de procesar y de almacenar datos.

Un circuito infinito de puertas lógicas puede emplearse para simular una máquina de Turing. A su vez, las puertas lógicas pueden simularse mediante patrones del juego de la vida de Conway, concretamente utilizando varias combinaciones de pistolas de planeadores de Gosper. Una ráfaga de planeadores emitida desde una de estas pistolas puede representar una señal «alta» (un 1), y la ausencia de planeadores, una señal «baja» (un 0). Crucialmente, un planeador puede bloquear a otro, porque si dos planeadores se encuentran de la forma adecuada, se aniquilan mutuamente. La pieza final del puzle es algo conocido como un «comedor» *(eater)*, que es una configuración simple formada por siete células negras. Un comedor puede absorber los planeadores excedentes e impedirles que perturben otras partes del patrón, mientras este permanece inalterado. Las combinaciones de pistolas de planeadores de Gosper y comedores son todo cuanto se precisa para simular varias puertas lógicas, que pueden unirse entonces para simular una máquina de Turing completa. Así pues, sorprendentemente, no hay nada que hasta la supercomputadora más potente del mundo pueda hacer que, dado el tiempo suficiente, no pueda ser computado utilizando el juego de la vida. Asimismo, resulta imposible escribir un programa capaz de predecir el destino de cualquier patrón arbitrario de vida, pues semejante programa sería entonces capaz de resolver el problema de la detención. El juego de la vida, como la vida misma, es impredecible y está repleto de sorpresas.

El campo moderno de la teoría de la computación está construido sobre las ideas de Turing, pero hoy en día incorpora asimismo otro concepto que Turing no consideró. En su célebre artículo de 1936, Turing se interesaba únicamente por la existencia de algoritmos, no por su eficiencia. Pero, en la práctica, también queremos que nuestros algoritmos sean rápidos, con el fin de que los ordenadores puedan solucionar los problemas con la mayor velocidad posible. Dos algoritmos pueden ser equivalentes —es decir, ambos pueden resolver el mismo problema—, pero si uno tarda un segundo y el otro un millón de años, obviamente elegiríamos el primero. El problema de la cuantificación de la velocidad de los algoritmos estriba en que depende de muchos factores, que tienen que ver tanto con el *hardware* como con el *software*. Por ejemplo, los diferentes lenguajes de programación pueden implicar diferentes velocidades de ejecución para el mismo conjunto de instrucciones. Los informáticos usan habitualmente la notación O mayúscula (O de *orden*) para cuantificar la velocidad en relación con el tamaño del *input* o entrada *(n)*. Si un programa se ejecuta en el orden n o en el tiempo $O(n)$, esto significa que el tiempo empleado por el programa para ejecutarse es aproximadamente proporcional al tamaño de la entrada. Tal es el caso, por ejemplo, cuando sumamos dos números utilizando la notación decimal. Sin embargo, la multiplicación de números requiere un tiempo más largo $O(n^2)$.

Si un programa se ejecuta en algo denominado *tiempo polinómico*, esto significa que el tiempo requerido no es más que el tamaño de la entrada elevado a una potencia fija. Esto suele considerarse suficientemente rápido para la mayoría de los propósitos. Por supuesto, si la potencia fuera enorme —pongamos por caso, la centésima potencia—, el programa tardaría demasiado tiempo en ejecutarse, pero esto rara vez sucede. Un ejemplo de un algoritmo con una potencia razonablemente alta es el algoritmo de Agrawal-Kayal-Saxena (AKS), que también puede emplearse para comprobar si un número es primo. Este se ejecuta en un tiempo $O(n^{12})$, por lo que en la mayoría de los casos se utiliza un algoritmo diferente, que funciona más despacio que el tiempo polinómico, pero es más veloz que el algoritmo AKS para muchos valores prácticos. Ahora bien, a la hora de buscar nuevos números primos muy grandes, el algoritmo AKS alcanza su pleno potencial.

Supongamos que adoptamos un enfoque muy simple para determinar si un número que consta de n dígitos es o no es primo. Esto implicaría comprobar todos los números desde 2 hasta la raíz cuadrada del número dado para ver si eran factores. Podemos explotar unos cuantos métodos abreviados, como saltarnos los números pares, pero el tiempo requerido para comprobar de este modo la primalidad resulta ser todavía $O(\sqrt{10^n})$, o $O(3^n)$, aproximadamente. Este es un tiempo exponencial, que es manejable usando un ordenador siempre que n sea bastante pequeño. Comprobar la primalidad de un número de un solo dígito mediante este método implica tres pasos, que, suponiendo un cuatrillón de pasos por segundo (una velocidad típica de una supercomputadora), tardaría 3 femtosegundos (3 milbillonésimas partes de segundo). La comprobación de un número de 10 dígitos requeriría unos 60 picosegundos, y la de un número de 20 dígitos, unos 3,5 microsegundos. Pero ejecutándose en un tiempo exponencial, un programa acaba atascándose irremediablemente. La comprobación de un número de 70 dígitos, usando nuestro método primitivo, tardaría alrededor de 2,5 quintillones de segundo, mucho más de la edad actual del universo. Los algoritmos rápidos demuestran su valor en estas situaciones.

Utilizando algo semejante a AKS y suponiendo que el tiempo empleado sea la duodécima potencia del tamaño de la entrada, un número de 70 dígitos requiere «solamente» 14 millones de segundos, o 160 días, para comprobar su primalidad. Esto sigue siendo mucho tiempo para el funcionamiento de un ordenador de alta velocidad, pero es como un abrir y cerrar de ojos en comparación con las escalas temporales cósmicas exigidas por un algoritmo exponencial. Los algoritmos polinómicos pueden resultar o no prácticos en la realidad, pero los algoritmos exponenciales desde luego no son nada prácticos a la hora de tratar con entradas grandes. Afortunadamente, existe asimismo un amplio repertorio de algoritmos entre ambos, y con frecuencia sucede que los algoritmos que son casi polinómicos funcionan suficientemente bien en la práctica.

Todas las máquinas de Turing de las que hemos hablado hasta el momento tienen una cosa importante en común. Las listas de reglas (los algoritmos) que les dicen lo que han de hacer han prescrito siempre una sola acción para ser realizada en cualquier situación. Estas máquinas de Turing se definen como *máquinas de Turing deterministas* (MTD). Cuando se les da una instrucción, la siguen mecánicamente: no puede «escoger» entre dos instrucciones diferentes. No obstante, también es posible concebir otro tipo, conocido como *máquinas de Turing no deterministas* (MTN), que, para cualquier estado dado del cabezal de lectura/escritura y cualquier entrada, permiten cumplir más de una instrucción. Las

MTN son meros experimentos mentales: resultaría imposible construir efectivamente una. Por ejemplo, en su programa, una MTN podría tener tanto «Si estás en el estado 19 y ves un 1, cámbialo por un 0 y desplázate un lugar a la derecha» como «Si estás en el estado 19 y ves un 1, mantenlo inalterado y desplázate un lugar a la izquierda». En este caso, el estado interno de la máquina y el símbolo que se lee en la cinta no especifican una acción única. La cuestión es entonces: ¿cómo sabe la máquina qué acción llevar a cabo?

Una MTN explora todas las posibilidades para solucionar un problema, y entonces, al final, escoge en su caso la respuesta correcta. Una forma de pensar en esto consiste en concebir la máquina como una adivina excepcionalmente afortunada que siempre logra escoger la solución correcta. Otra forma, acaso más razonable, de imaginar una MTN es como un dispositivo que aumenta su potencia computacional conforme avanza, de suerte que aquello que se le introduce en cada paso del cálculo no requiere más tiempo de procesamiento que el paso anterior. La tarea encargada puede ser, por ejemplo, buscar un árbol binario: una disposición de los datos que, en cada punto o nodo, se divida en otras dos opciones. Supongamos que el objetivo es hallar en el árbol un cierto número, digamos que el 358. La máquina tiene que recorrer todas las rutas posibles hasta toparse con este valor. Una máquina de Turing ordinaria (una MTD) tendría que recorrer todos los caminos posibles a través del árbol, uno tras otro, hasta tropezar con el valor buscado. Dado que el número de ramas crece exponencialmente, duplicándose en cada nivel del árbol, el tiempo requerido para localizar el nodo que contiene el 358 sería irremediablemente largo a menos que, por fortuna, este no ocupara un lugar demasiado alejado del árbol. Ahora bien, si dispusiéramos de una MTN, la situación cambiaría radicalmente. Conforme se alcanza cada nivel del árbol binario, cabe imaginar que la MTN duplica su velocidad de procesamiento, por lo que examina todos los niveles del árbol en la misma cantidad de tiempo, independientemente de cuántos nodos haya.

En principio, todo lo que puede hacer una MTN podría hacerlo también una MTD, dando el tiempo suficiente. Pero en ese «tiempo suficiente» está la clave. Una MTN podría hacer en un tiempo polinómico lo que a una MTD podría llevarle un tiempo exponencial. Por desgracia, no podemos construir una de verdad. Lo que estos ordenadores imaginarios nos permiten hacer, sin embargo, es enfrentarnos a uno de los grandes problemas no resueltos de la informática y de las matemáticas en su conjunto: el designado como problema de P versus NP. Un millón de dólares estadounidenses, del Instituto Clay de Matemáticas, aguardan al primer investigador que ofrezca una solución cuya corrección pueda demostrarse. P y NP son los nombres dados a dos conjuntos de problemas que tienen diferentes clases de complejidad. Los problemas del conjunto P («polinómicos») son aquellos que pueden resolverse mediante un algoritmo que se ejecuta en tiempo polinómico en una máquina de Turing ordinaria (determinista). Los problemas del conjunto NP («polinómicos no deterministas») son aquellos que sabríamos resolver en tiempo polinómico si tuviéramos acceso a una MTN (la factorización de los grandes números es un problema semejante: una MTN puede explorar rápidamente el árbol binario en busca del factor «correcto», en un tiempo polinómico, mientras que una MTD tiene que explorar todas y cada una de las ramas, lo cual requiere un tiempo exponencial). Lo que esto significa es que todos los problemas de P están también en NP, puesto que una MTN puede hacer cualquier cosa que puede hacer una máquina de Turing ordinaria en la misma cantidad de tiempo.

Parece razonable suponer que NP es mayor que P, pues incluye problemas que solo nos consta que son solubles para una máquina de Turing con superpoderes: una máquina mejorada haciéndola terriblemente afortunada o ridículamente veloz. Ahora bien, no existe por el momento ninguna demostración de que una

MTD ordinaria no pueda hacer todo cuanto puede hacer una MTN, aunque esto parezca altamente probable. No obstante, para los matemáticos existe una diferencia abismal entre una suposición razonable y una certeza. Hasta que se demuestre lo contrario, sigue siendo posible que alguien pruebe que los conjuntos P y NP son iguales, razón por la cual se denomina el *problema de P versus NP*. Un millón de dólares es un premio generoso, pero ¿cómo podría llegar a reclamarlo alguien, cuando implica demostrar (o refutar) que *todos* los problemas NP son P? Un pequeño rayo de esperanza es el ofrecido por ciertos problemas de NP que se denominan *NP-completos*. Los problemas NP-completos son extraordinarios, toda vez que, si encontrásemos un algoritmo polinómico que pudiese ejecutarse en una máquina de Turing ordinaria y resolviese cualquiera de estos problemas, se seguiría que existe un algoritmo polinómico para todos y cada uno de los problemas de NP. En este caso, P = NP sería verdadero.

El primer problema NP-completo fue descubierto por el informático y matemático estadounidense-canadiense Stephen Cook en 1971. Conocido como el *problema de satisfacibilidad booleana* (SAT), puede expresarse en términos de puertas lógicas. Parte de una disposición de un número arbitrario de puertas lógicas y datos de entrada (pero sin retroalimentación), y exactamente una salida. A continuación pregunta si existe alguna combinación de datos de entrada que produzca la salida. En principio, siempre cabría hallar una solución comprobando todas las combinaciones posibles de *inputs* para el sistema entero, pero esto equivaldría a un algoritmo exponencial. Para demostrar que P = NP, sería preciso demostrar la existencia de una forma (polinómica) más rápida de obtener la respuesta.

Aunque el SAT fue el primer problema NP-completo en ser identificado, no es el más famoso. Ese honor le corresponde al *problema del viajante o vendedor ambulante*, cuyos orígenes se remontan a mediados del siglo XIX. Un manual para viajantes publicado en 1832 hablaba de la manera más efectiva de recorrer las localidades de Alemania y Suiza. El primer tratamiento académico llegó una o dos décadas después de la mano del físico y matemático irlandés William Hamilton y del pastor de la Iglesia anglicana y matemático Thomas Kirkman. Supongamos que un vendedor tiene que viajar a un gran número de ciudades y conoce la distancia, que no tiene por qué ser necesariamente una ruta directa, entre cada par de ciudades. El problema consiste en hallar el camino más corto para visitar todas las ciudades y regresar al comienzo. Hasta 1972 no se logró demostrar que el problema del viajante es NP-completo (lo que significa que un algoritmo polinómico para este problema probaría que P = NP), lo cual explicaba por qué varias generaciones de matemáticos, últimamente utilizando incluso ordenadores, tuvieron dificultades para hallar soluciones óptimas para rutas complicadas.

El problema del vendedor ambulante puede ser fácil de comprender, pero no es más fácil de resolver que cualquier otro problema NP-completo: todos son igual de difíciles. A los matemáticos les resulta atractivo el hecho de que descubrir un algoritmo polinómico para cualquier problema NP-completo demostraría que P = NP. Una demostración semejante tendría serias implicaciones, incluida la existencia de un algoritmo polinómico para descifrar el RSA, el método de encriptación, descrito más adelante, del que dependemos a diario, por ejemplo para las operaciones bancarias. Pero con toda probabilidad no existe ninguno.

Aunque las máquinas de Turing no deterministas existen solo en la mente, los ordenadores cuánticos, que también son potencialmente muy potentes, se encuentran en sus primeras fases de desarrollo. Como su nombre sugiere, hacen uso de algunos de los extrañísimos sucesos en el ámbito de la mecánica cuántica y no funcionan con bits ordinarios (dígitos binarios), sino con bits cuánticos o *cúbits*. Un cúbit, que puede ser tan simple como un electrón con un espín desconocido, posee dos propiedades debidas a los efectos cuánticos que un bit ordinario de un ordenador no posee. En primer lugar, puede ser una superposición de estados. Esto significa que un cúbit puede representar tanto un 1 como un 0 al mismo tiempo, y solo se convierte en uno u otro al ser observado. Otra forma de interpretar esto es que el ordenador cuántico, junto con el resto del universo, se divide en dos copias de sí mismo, una de las cuales tiene el bit 1 y la otra el bit 0. Solo cuando se mide el cúbit, tanto este como el universo que lo rodea se funden en un valor específico. La otra propiedad curiosa de la que dependen los ordenadores cuánticos es el entrelazamiento. Dos cúbits entrelazados, aunque separados en el espacio, están conectados mediante lo que se ha dado en llamar *acción fantasmal a distancia,* de suerte que la medición de uno afecta instantáneamente a la medición del otro.

Los ordenadores cuánticos son computacionalmente equivalentes a las máquinas de Turing. Pero, como hemos visto, existe una diferencia entre ser capaz de computar algo (dado el tiempo suficiente) y ser capaz de computarlo de manera eficiente. Cualquier cosa que un ordenador cuántico puede hacer (o será capaz

El profesor Winfried Hensinger *(izquierda)* y el doctor Sebastian Weidt *(derecha)* trabajando en un prototipo de ordenador cuántico.

de hacer) es también alcanzable con una máquina de Turing clásica con cinta de papel si estamos preparados para esperar al menos unas cuantas eras geológicas. La eficiencia es una cuestión completamente diferente. Para ciertos tipos de problemas, es probable que los ordenadores cuánticos sean muchas veces más rápidos que los ordenadores convencionales actuales, aunque, en lo que concierne a lo que es realmente computable, todos tienen exactamente la misma capacidad que el diseño original de Turing.

Resulta tentador pensar que los ordenadores cuánticos son iguales a las máquinas de Turing no deterministas, pero no es así. En términos computacionales son equivalentes, porque las máquinas de Turing no deterministas no pueden superar a las máquinas de Turing deterministas en cuanto a lo que resulta computacionalmente posible (podríamos programar una MTD para simular cualquiera de las dos). Ahora bien, en lo que atañe a la eficiencia, se sospecha que los ordenadores cuánticos son inferiores a las MTN, lo cual no es de extrañar, pues las MTN son artefactos plenamente imaginarios. En particular, es improbable, aunque está por ver, que sean capaces de resolver problemas NP-completos en tiempo polinómico. Un problema que sí se ha resuelto en tiempo polinómico con ordenadores cuánticos, y que previamente se creía que no tenía una solución semejante (suponiendo que P = NP es falso), es la factorización de grandes números. En 1994, el matemático aplicado estadounidense Peter Shor descubrió un algoritmo cuántico que hace uso de las propiedades especiales del problema. Por desgracia, no pueden aplicarse técnicas similares a otros problemas, como los denominados NP-completos. Si existe algún algoritmo polinómico para solucionar un problema NP-completo con la computación cuántica, tendrá que explotar una vez más características específicas de la situación.

Los ordenadores cuánticos, al igual que la mayor parte de las nuevas tecnologías ambiciosas, traen tanto esperanzas como quebraderos de cabeza. Entre estos últimos está la posibilidad de descifrar códigos que previamente se consideraban muy seguros, sobre todo porque, pese a las décadas de investigación, nadie ha encontrado ningún método para descifrarlos en tiempo polinómico. Los métodos modernos de encriptación se basan en un algoritmo conocido como RSA, que son las iniciales de sus inventores, Ron Rivest, Adi Shamir y Leonard Adleman. El uso del algoritmo para encriptar datos puede realizarse con mucha rapidez, y sucede muchas veces, cada segundo de cada día, durante las transacciones de datos en línea. Sin embargo, la aplicación inversa del RSA para desencriptar datos es extremadamente lenta y requiere un tiempo exponencial, a menos que se suministre información especial. Esta asimetría de velocidad y la necesidad de información especial explican por qué el RSA es tan efectivo. El funcionamiento del RSA consiste en que cada persona que utiliza el sistema tiene dos claves: una clave pública y una clave privada. La clave pública permite la encriptación y puede ser conocida por todos, mientras que la clave privada posibilita la desencriptación y solo es conocida por el dueño de las claves. El envío de un mensaje es fácil porque solo implica la aplicación del algoritmo con la clave pública. Sin embargo, el mensaje solo puede ser leído por el destinatario, que conoce la clave privada. En teoría, es posible averiguar la clave privada si se proporciona la clave pública, pero esto depende de la capacidad de factorizar números enormes con centenares de dígitos. Si las claves son suficientemente grandes, se precisarían todos los ordenadores del mundo, trabajando juntos durante un tiempo muy superior a la edad actual del universo, para descifrar los mensajes que enviamos diariamente durante nuestras operaciones bancarias y otras transacciones confidenciales. No obstante, los ordenadores cuánticos amenazan con transformar todo este panorama.

En 2001, el algoritmo de Shor, un método de factorización de números en tiempo polinómico, se empleó con un ordenador de 7 cúbits para factorizar 15 en 3×5. Una década después, la factorización de 21 se consiguió con el mismo método. Ambos logros pueden antojarse cómicamente decepcionantes, dado que cualquier niño que se sepa las tablas de multiplicar podría hacer lo mismo sin mucha demora. Sin embargo, en 2014, se utilizó una técnica diferente de computación cuántica para hallar los factores primos de números mucho más grandes, el mayor de los cuales era 56.153. Puede que ni siquiera esto nos impresione demasiado cuando asistimos a los intentos de factorizar números con centenares de dígitos. Pero conforme vayan estando disponibles ordenadores cuánticos con más cúbits cada vez, la posibilidad de descifrar eficientemente todas las claves en RSA será solo cuestión de tiempo. Cuando esto suceda, el método actual para efectuar las transacciones en línea ya no será seguro, y el sector bancario, junto con todos los demás ámbitos de la vida moderna que dependen de la transferencia segura de datos, se verá sumido en el caos. Tal vez resulte posible desarrollar un nuevo sistema de encriptación basado en un problema NP-difícil: en otras palabras, un problema al menos tan difícil como un problema NP-completo, aunque no necesariamente perteneciente al conjunto NP. Los problemas NP-completos soy muy difíciles de solucionar en los peores escenarios posibles, pero normalmente pueden hallarse buenos algoritmos en casos más típicos. Estos ofrecerían un método de encriptación generalmente más sencillo de descifrar, pero con una pequeña probabilidad de ser extremadamente difícil. Lo que se necesita es algo que resulte casi siempre extremadamente difícil de descifrar, en un tiempo exponencial o más largo aún. Hasta el momento no se ha descubierto ningún método de encriptación de esta índole, si bien persiste la posibilidad. Si los ordenadores cuánticos no pueden resolver problemas NP-completos (y, por ende, NP-difíciles), entonces, si llegara a descubrirse uno, podríamos volver a gozar de seguridad, al menos por algún tiempo.

La mayoría de los informáticos sospechan que P ≠ NP. Se trata de una creencia respaldada por décadas de investigación que no han logrado descubrir un solo algoritmo en tiempo polinómico para resolver alguno de los más de tres mil problemas NP-completos relevantes que se conocen. No obstante, el argumento del fracaso hasta la fecha no resulta muy convincente, especialmente a la luz de la inesperada demostración del último teorema de Fermat, un problema de formulación sencilla, cuya resolución exigió un esfuerzo intenso y unos métodos de vanguardia. Tampoco resulta particularmente convincente creer que P ≠ NP por motivos puramente filosóficos. El informático teórico Scott Aaronson, del MIT, ha afirmado: «Si P = NP, entonces el mundo sería un lugar profundamente diferente de como solemos suponer que es. Los *saltos creativos* no tendrían ningún valor especial ni habría ninguna brecha fundamental entre la resolución de un problema y el reconocimiento de la solución una vez hallada». Sin embargo, tanto las matemáticas como las ciencias se han revelado perfectamente capaces de sorprendernos y de transformar nuestra cosmovisión intelectual casi de la noche a la mañana. Si resultase en efecto que P = NP, entonces, para empezar, el impacto práctico sería escaso porque una demostración, en caso de existir, probablemente sería no constructiva. En otras palabras, aunque una prueba pudiera demostrar la existencia de algoritmos polinómicos para los problemas NP-completos, no sería capaz de describir efectivamente ninguno. Al menos durante algún tiempo, nuestros datos encriptados seguirían siendo seguros, si bien sería incierto por cuánto tiempo, una vez emprendidos importantes esfuerzos matemáticos en busca de un algoritmo semejante.

En todo caso, antes de que la seguridad de nuestros datos se vea amenazada por cualesquiera desarrollos en el problema de P versus NP o por algoritmos más eficientes, la mecánica cuántica puede acudir en nuestro rescate. El campo de la criptografía cuántica puede desembocar en una clave completamente indescifrable, sean cuales fueren las técnicas de desencriptado que se le apliquen. Un ejemplo de una clave verdaderamente indescifrable se remonta nada menos que a 1886 y se conoce como *libreta de un solo uso*. La clave es una secuencia aleatoria de letras de la misma longitud que el mensaje. El mensaje se combina con la clave convirtiendo las letras en números (A = 1, B = 2, y así sucesivamente), añadiendo los números correspondientes para cada letra del mensaje y la clave, sustrayendo 26 si la suma es mayor que 26, y volviendo a convertirlos en letras. Esto se ha revelado completamente indescifrable. Incluso si alguien hubiera tenido tiempo para probar todas las combinaciones, sería absolutamente incapaz de distinguir el mensaje correcto de todos los mensajes incorrectos posibles. No obstante, la estructura entera depende de que la clave se destruya tras su uso, pues si se reutilizase, entonces cualquiera que se hiciera con ambos mensajes encriptados sería capaz de desencriptarlos si supiese que la clave había sido reutilizada. Asimismo, las claves han de transmitirse en privado, pues cualquiera que consiguiera acceder a la clave podría desencriptar al instante el mensaje supuestamente seguro. Las libretas de un solo uso fueron empleadas antaño por los espías soviéticos, y conservadas en libros diminutos altamente inflamables con el fin de facilitar su destrucción segura, y todavía se usan en la línea telefónica directa entre los presidentes de Estados Unidos y Rusia. Pero la necesidad de transmitir las claves en privado y de forma segura supone una gran desventaja y vuelve poco práctico el método para la mayoría de los propósitos, tales como las transacciones en línea.

La mecánica cuántica promete transformar todo este panorama. Se basa en el hecho de que la medición de una determinada propiedad de las partículas de la luz o fotones, conocida como *polarización*, afecta a dicha polarización (la polarización describe la forma en la que las ondas asociadas a los fotones vibran en ángulo recto a la dirección de su trayectoria). El hecho crucial es que, si se mide dos veces la polarización en la misma dirección, el resultado será el mismo. Un método para llevar a cabo la medición utiliza un tipo de filtro llamado *filtro ortogonal*. Si se polariza vertical u horizontalmente la luz, atravesará un filtro ortogonal y preservará su polarización. Si empieza polarizada en cualquier otra dirección, la luz seguirá atravesándolo, pero su polarización variará hasta volverse, o bien vertical, o bien horizontal. Otro método para medir la polarización consiste en usar un *filtro diagonal*, que funciona de un modo similar, pero con la luz vibrando a medio camino entre horizontal y vertical. Los componentes finales del sistema de criptografía son otros dos filtros. Uno de estos comprueba si la luz que ha atravesado el filtro ortogonal está polarizada horizontal o verticalmente; el otro realiza el mismo test con la luz que ha atravesado el filtro diagonal, comprobando en qué dirección diagonal se polariza la luz.

Supongamos que quisiésemos enviar un bit aleatorio para su empleo en una libreta de un solo uso. Enviaríamos un fotón a través del filtro ortogonal o bien del diagonal, elegido al azar, y registraríamos si se polarizaba vertical u horizontalmente. Pediríamos al destinatario que hiciese lo mismo. Este nos diría entonces qué filtro había usado, y nosotros confirmaríamos cuál habíamos empleado por nuestra parte. Si se tratase del mismo filtro, este bit podría almacenarse para su empleo posterior en una libreta de un solo uso. De lo contrario, rechazaríamos el bit y repetiríamos el proceso. Un espía sería incapaz de decir qué filtro se había utilizado hasta después de que el fotón hubiera atravesado el sistema y ya no fuese capaz de medirlo. Además, como la medición de la polarización podría modificarla, después de tener suficientes bits podríamos comparar un pequeño número de ellos, descartándolos más tarde. Si todos encajasen, nuestro canal podría considerarse seguro y el resto de los bits podrían emplearse con fiabilidad en una libreta de un solo uso. Si no encajasen, quedaría demostrada la presencia de un espía y todos los bits serían rechazados como inútiles. Así pues, la criptografía cuántica no solo protege una libreta de un solo uso de los espías, sino que también es capaz de detectar los intentos de espionaje, que es algo que excede la capacidad de la criptografía convencional.

En la actualidad, la computación cuántica progresa a gran velocidad. En 2017, unos físicos de la Universidad de Sussex publicaron proyectos de construcción para futuros ordenadores cuánticos a gran escala, tornando así libremente accesible el diseño para todo el mundo. El proyecto de Sussex muestra cómo evitar un problema, bautizado como *decoherencia*, que había echado a perder previos intentos de laboratorio de construir dispositivos con más de 10 o 15 cúbits. Asimismo, describe ciertas tecnologías específicas que contribuirían a hacer realidad potentes ordenadores cuánticos, con números mucho más elevados de cúbits. Estas incluyen el uso de iones (átomos cargados) a temperatura ambiente, confinados en trampas, para servir como cúbits, la aplicación de campos eléctricos para empujar los iones de un módulo a otro del sistema, y las puertas lógicas controladas por microondas y variaciones en el voltaje. El equipo de Sussex se propone ahora construir un pequeño prototipo de ordenador cuántico. Mientras tanto, otros grupos en Google, Microsoft y varias empresas emergentes, como IonQ, están desarrollando sus propios proyectos, basados en el enfoque de los iones atrapados, la superconductividad o (en el caso de Microsoft) un diseño conocido como computación cuántica topológica. IBM ha anunciado su intención de comercializar un ordenador cuántico de 50 cúbits «en los próximos años», y los científicos ya están pensando en un futuro en que las máquinas con millones o miles de millones de cúbits lleguen a ser realidad.

Si Turing siguiera vivo, participaría sin duda en los desarrollos más recientes en computación, incluido muy posiblemente el trabajo teórico en los ordenadores cuánticos. Habría evitado las actitudes primitivas hacia la sexualidad que eran dominantes durante su vida y que, sin duda, contribuyeron a su muerte prematura. Pero una cosa que encontraría inalterada son los conceptos de algoritmos y computación universal, a cuyo desarrollo contribuyó de manera decisiva mediante su extraordinaria y extraordinariamente simple máquina.

CAPÍTULO 6

La música de las esferas

> ¿Acaso no puede describirse la música como la matemática de los sentidos y la matemática como la música de la razón? El músico siente las matemáticas y el matemático piensa la música: la música es el sueño, las matemáticas son la vida laboral.
>
> JAMES JOSEPH SYLVESTER

La música es, en su propia esencia, matemática. A menudo se dice que la matemática es un idioma universal que podría utilizarse como primer medio de comunicación entre especies inteligentes de mundos diferentes. Pero esa pretensión de universalidad podría aplicarse asimismo a la música, y, de hecho, ya hemos enviado la obra de algunos de nuestros músicos hacia las estrellas, con la esperanza de que los seres de ahí afuera puedan oírla y llegar a comprender algo acerca de las criaturas que la crearon.

La *Voyager 1*, lanzada el 5 de septiembre de 1977, se convirtió recientemente en el primer objeto artificial que ha entrado en el espacio interestelar. Habiendo volado más allá de Júpiter y de Saturno, se dirigió fuera del sistema solar y en 2012 pasó más allá de la heliopausa, el límite en el que termina la influencia del campo magnético del Sol y comienza la del resto de la galaxia. Su nave hermana, *Voyager 2*, lanzada el mismo año, se dirige también hacia el vacío interestelar, pero en una dirección diferente. Ambas permanecen en contacto con la Tierra y envían datos de un puñado de experimentos científicos que sus menguantes reservas de energía pueden abastecer, pero ninguna de ellas está destinada a contactos cercanos con otros sistemas estelares en el futuro inmediato. Su velocidad es tan lenta en comparación con la inmensidad de las distancias interestelares, que tardarían decenas de miles de años en llegar incluso a la estrella más cercana, Próxima Centauri, suponiendo que se dirigieran directamente hacia ella (que no es el caso).

Según las estimaciones actuales de la NASA, la *Voyager 1* llegará a estar a 1,6 años luz de la estrella Gliese 445, y la *Voyager 2*, a 1,7 años luz de Ross 248 dentro de unos cuarenta mil años. Ambas sondas habrán muerto mucho antes de alcanzar esos remotos destinos. Pero, en términos estructurales, las *Voyager* podrían permanecer intactas durante millones de años, a la deriva, por la galaxia de la Vía Láctea, y quién sabe si podrían ser descubiertas por alguna especie avanzada que sintiese curiosidad por los orígenes y los creadores de las sondas. En ese improbable caso, cada nave espacial lleva un mensaje en forma de disco fonográfico de cobre chapado en oro, que contiene sonidos e imágenes que pretenden representar la variedad de formas de vida, entornos y culturas humanas de la Tierra. Además de 116 imágenes, una variedad de sonidos naturales y saludos hablados en 57 idiomas diferentes, el disco de oro de las *Voyager* contiene 90 minutos de música de diferentes épocas y regiones del mundo, incluidos pasajes de *La consagración de la primavera*, de Stravinski, una composición para gamelán de Indonesia, el *Concierto de Brandenburgo n.º 2*, de Bach, y la canción «Johnny B. Goode», de Chuck Berry. Cuidadosamente, se proporcionan una aguja e instrucciones codificadas para reproducir el disco. Ahora bien, en el supuesto de que los alienígenas llegaran a encontrar uno de los discos de oro y lograran reproducir la música según lo previsto, la

El disco de oro de la *Voyager*.

pregunta es si reconocerían lo que es. Y, análogamente, si la música alienígena llegase de algún modo a nuestros oídos, ¿la apreciaríamos como musical?

Uno de nosotros (David) es un cantante y compositor cuyo álbum *Songs of the Cosmos* [Canciones del cosmos] combina la ciencia con la música en melodías tales como «Dark Energy» («Energía oscura»). Pero, además de canciones con aroma científico, también hay ciencia en la creación musical, y matemáticas profundamente arraigadas en la relación entre las notas y la construcción de escalas.

Fueron los antiguos griegos quienes descubrieron que existe un estrecho vínculo entre la música y las matemáticas. Pitágoras y sus discípulos, en el siglo VI a. C., construyeron un culto entero en torno a su creencia de que «todo es número» y de que los números enteros eran especialmente significativos. Sostenían que cada uno de los números del 1 al 10 tenía una significación y un sentido únicos: el 1 era el generador de todos los demás números, el 2 representaba la opinión, el 3 la armonía, y así sucesivamente hasta el 10, que era el más importante y se denominaba *tetraktys*, porque es el número triangular formado por la suma de los cuatro primeros números: 1, 2, 3 y 4. Los números pares se consideraban femeninos y los números impares, masculinos. En música, los pitagóricos se deleitaban en su descubrimiento de que los intervalos sonoros armoniosos se correspondían con proporciones de números enteros. Los mismos números que tenían en tan alta estima en un nivel intelectual determinaban, como fracciones simples, qué conjunto de notas resultaba más satisfactorio al oído. Una cuerda vibrante pulsada en su punto medio (2:1) suena una octava más alta que cuando suena abierta. Pulsada y tocada de modo que la longitud de la sección vibrante a la cuerda entera guarde una proporción de 3:2, da una quinta perfecta (así llamada porque es la quinta nota de la escala y está en gran consonancia con la nota fundamental). Análogamente, 4:3 produce una cuarta perfecta y 5:4 una tercera mayor. Dado que la frecuencia depende de uno dividido entre la longitud de la cuerda, estas proporciones dan asimismo una relación entre las frecuencias de las notas.

La más simple de las proporciones (aparte de la octava), la quinta perfecta, es la base de lo que se ha dado en llamar afinación pitagórica, porque los musicólogos modernos atribuyen sus orígenes a Pitágoras y su hermandad. Parte de una nota como re y sube una quinta perfecta y baja una quinta perfecta para producir otras notas de la escala, la y sol respectivamente. Ahora sube otra quinta perfecta desde la y baja otra quinta perfecta desde sol para generar las notas siguientes, y así sucesivamente. Al final, acabamos con una escala de once notas centradas en re de esta forma:

mi♭-si♭-fa-do-sol-re-la-mi-si-fa♭-do♯-sol♯

Sin algunos ajustes, esto abarcaría un amplio rango de frecuencias, equivalente a setenta y siete notas en un piano. Para hacer más compacta la escala, las notas bajas se suben una octava, duplicando o cuadruplicando sus frecuencias, y las notas más altas se bajan igualmente una o dos octavas. El resultado de aproximar las notas de esta manera es lo que se denomina *octava básica*. La afinación pitagórica fue utilizada por los músicos occidentales aproximadamente hasta finales del siglo XV, cuando se volvieron evidentes sus limitaciones para tocar una variedad más amplia de obras.

Tan entusiasmados estaban los pitagóricos con este descubrimiento (que las proporciones simples de las cuerdas vibrantes equivalían a intervalos musicales armoniosos) y con su creencia en que el universo estaba basado en los números enteros, que veían un maridaje perfecto de la música y las matemáticas en los cielos. En el centro del espacio físico, conforme a su cosmología, había un gran fuego. Alrededor de este, transportados en esferas celestiales transparentes y moviéndose en trayectorias circulares, había diez objetos, en orden desde el centro: una contra-Tierra, la propia Tierra, la Luna, el Sol, los cinco planetas conocidos o «estrellas errantes» (Mercurio, Venus, Marte, Júpiter y Saturno) y, finalmente, las estrellas fijas. Las separaciones entre estas esferas, enseñaban, se correspondían con las longitudes armónicas de las cuerdas, de suerte que el movimiento de las esferas producía un sonido (inaudible a los oídos humanos) conocido como *armonía de las esferas*.

Las palabras griegas *harmonia* (que significa «juntura» o «acuerdo») y *arithmos* («número») proceden de la misma raíz indoeuropea, *ari*, que también aflora en términos castellanos como *ritmo* y *rito*. Harmonía era asimismo la diosa griega de la paz y la armonía (apropiadamente, pues sus padres eran Afrodita, diosa del amor, y Ares, dios de la guerra). La idea pitagórica de que las armonías musicales eran inherentes al espaciamiento de los cuerpos celestes persistió a lo largo de la Edad Media. La filosofía de la *musica universalis* («música universal») se incorporó al *quadrivium*, un cuarteto de materias académicas (aritmética, geometría, música y astronomía) que se enseñaban después del *trivium* (gramática, lógica y retórica) en las universidades medievales europeas y se basaba en el programa de estudios de Platón para la educación superior. En el corazón del *quadrivium* yacía el estudio del número en varias formas: el número puro (aritmética), el número en el espacio abstracto (geometría), el número en el tiempo (música) y el número tanto en el espacio como en el tiempo (astronomía). Siguiendo el ejemplo de Pitágoras, Platón veía una conexión íntima entre la música y la astronomía: la música expresaba la belleza de las proporciones numéricas simples para los oídos y la astronomía para los ojos. A través de sentidos diferentes, ambas expresaban la misma unidad subyacente basada en las matemáticas.

Más de dos mil años después, el astrónomo alemán Johannes Kepler llevó un paso más allá la idea de un cosmos musical, conectando las formas fundamentales con los sonidos melódicos a través de los cielos. Kepler creía en la astrología y era devotamente religioso, como lo eran muchos otros intelectuales de su época, pero fue asimismo una figura clave en la revolución científica del

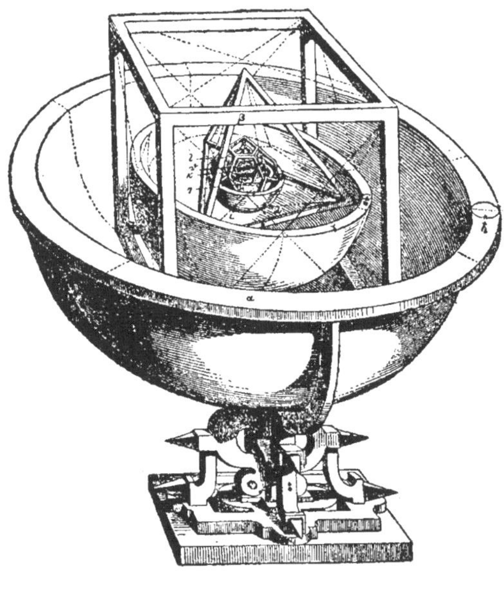

Kepler pensaba que las órbitas de los planetas entonces conocidos estaban espaciadas para encajar con los sólidos platónicos.

Renacimiento. Lo recordamos sobre todo por sus tres leyes del movimiento planetario, construidas sobre la base de las observaciones precisas de los planetas llevadas a cabo por el aristócrata danés Tycho Brahe. En los inicios de su carrera, Kepler se sintió fascinado por la idea de que pudiera existir una base geométrica para el espaciamiento de los planetas. Al modelo heliocéntrico del sistema solar propuesto con anterioridad por el astrónomo polaco Nicolás Copérnico, Kepler, en su *Mysterium cosmographicum (El misterio cosmográfico)*, añadió la idea de que los cinco sólidos platónicos (los únicos poliedros convexos regulares tridimensionales) contenían la clave del espaciado de los mundos. Inscribiendo y circunscribiendo con esferas estos sólidos en un orden determinado (octaedro, icosaedro, dodecaedro, tetraedro y cubo), Kepler creía que podía generar los orbes dentro de los cuales se movían los seis planetas conocidos (Mercurio, Venus, Tierra, Marte, Júpiter y Saturno). Diríase que Dios no era un numerólogo, como creían los pitagóricos, sino un geómetra.

Más allá de la mera especulación, Kepler llevó a cabo experimentos acústicos en una época —los albores del siglo XVII— en la que la comprobación de las ideas en la práctica era todavía un concepto novedoso en los círculos académicos. Utilizando un monocordio, comprobó el sonido producido por la cuerda cuando se detenía en diferentes longitudes, y estableció de oído qué divisiones resultaban más agradables. Además de la quinta, que acaparaba la importancia para los pitagóricos, observó que la tercera, la cuarta, la sexta y otros varios intervalos eran también consonantes. Se preguntaba si estas proporciones armoniosas podrían reflejarse en los cielos, de suerte que la vieja idea de la armonía de las esferas pudiese actualizarse y adecuarse más a las observaciones más recientes. Quizá la proporción de las distancias mayores y menores entre los planetas y el Sol se correspondieran con algunos de los intervalos consonantes que había descubierto. Pero no, esto no sucedía. Consideró entonces la *velocidad* de los planetas en los puntos de distancia máxima y mínima, donde sabía, a partir de las observaciones, que estos se movían respectivamente más despacio y más rápido en relación con el Sol. Advirtió que el movimiento sería un mejor análogo que la distancia de la vibración de una cuerda y, en efecto, utilizando esta propiedad planetaria, descubrió lo que parecía ser una conexión. En el caso de Marte, la proporción de sus velocidades orbitales extremas (medidas en términos del movimiento angular por el cielo) era aproximadamente 2:3, equivalente a una quinta perfecta, o *diapente*, como se conoció hasta finales del siglo XIX. Los movimientos extremos de Júpiter diferían en una proporción aproximada de 5:6 (una tercera menor en música) y los de Saturno, en una proporción muy próxima a 4:5 (una tercera mayor). Las proporciones correspondientes para la Tierra y para Venus eran 15:16 (aproximadamente, la diferencia entre mi y fa) y 24:25, respectivamente.

Alentado por estas correspondencias, que se revelarían fortuitas, Kepler fue en busca de armonías cósmicas más sutiles. Observó las proporciones de las velocidades de los mundos cercanos y se convenció de que las proporciones armoniosas no solo sustentaban el movimiento de los planetas individualmente, sino también cómo se movían los unos en relación con los otros. Todas estas ideas sobre el tema las empaquetó en una gran teoría unificada de cómo los intervalos consonantes en música estaban ligados a los movimientos en los cielos, y la publicó en su obra maestra *Harmonices mundi (La armonía del mundo)* en 1619.

Poco después hizo un descubrimiento que hoy conocemos como su tercera ley del movimiento planetario. Descubrió una conexión precisa entre el tiempo que tarda un planeta en girar una vez alrededor del Sol y su distancia del Sol, a saber: el cuadrado del periodo de un planeta es proporcional al cubo de su semieje mayor. Esta es la relación que todavía se enseña hoy en las clases de física, pero se descubrió originalmente en el transcurso de los estudios místicos de Kepler sobre la estructura armónica del cosmos.

Kepler contribuyó a impulsar la astronomía en la era moderna con su idea crucial de que las órbitas de los planetas no son circulares, como creían los antiguos, sino elípticas. Esto abonó el terreno para la teoría de la gravitación universal de Newton, pero, de un modo menos evidente, creó el marco para los sistemas innovadores y más flexibles de afinación en música. A partir de sus experimentos en el espacio auditivo, Kepler se preguntaba si existía un intervalo más pequeño, un mínimo común denominador, a partir del cual pudieran construirse todas las demás armonías. Descubrió que no era así. Al igual que las órbitas planetarias no se basaban en círculos perfectos, no existía ninguna forma nítida y simple de lograr la consonancia musical utilizando un intervalo fundamental. Esto se tornaba más evidente ante cualquier intento de cambiar la clave de una pieza musical.

La afinación pitagórica, basada en quintas encadenadas, constituye un ejemplo de lo que se denomina *afinación justa*, en la que la frecuencia de las notas está relacionada con las proporciones de números enteros razonablemente pequeños. Si tomamos la escala de do mayor, por ejemplo, la dividimos en ocho tonos (do, re, mi, fa, sol, la, si, do) y damos a la nota tónica o fundamental, do, la proporción 1:1, y a la quinta, sol, la proporción 3:2, en la afinación pitagórica las notas por encima del do tienen las siguientes proporciones de frecuencias con respecto a do: re, 9:8; mi, 81:64; fa, 4:3; sol, 3:2; la, 27:16; si, 243:128; do (una octava más alta) 2:1. Esta disposición funciona bien siempre que permanezcamos en la misma clave o usemos instrumentos flexibles, tales como la voz humana, que permiten hacer sobre la marcha ajustes finos en la entonación. Pero cualquier forma de afinación justa tropieza con problemas con instrumentos como el piano, que, una vez afinados, solo pueden producir determinadas frecuencias.

Ciertos compositores y músicos anteriores a Kepler habían empezado a escapar de los rígidos confines de la afinación pitagórica. Pero fue por la época de Kepler cuando se dieron los primeros pasos importantes, al menos en Europa, para alejarse definitivamente de la noción de *afinación justa*. Un pionero de la nueva tendencia fue el padre de Galileo, Vincenzo Galilei, quien propuso una escala de doce tonos basada en lo que se dio en llamar *temperamento igual*. En este sistema, todo par de notas consecutivas está separado por el mismo intervalo o proporción de frecuencias. Con 12 semitonos o medios pasos, la amplitud de cada intervalo sucesivo aumenta según un factor de $2^{1/12}$ o 1,059463. Por ejemplo, pensemos en la escala que empieza a partir del la por encima del do central, que tiene una frecuencia de 440 hercios (ciclos por segundo) en la afinación orquestal moderna. La siguiente nota hacia arriba es la sostenido, con una frecuencia de 440 × 1,059463, o unos 466,2 hercios. Subiendo 12 intervalos a partir de la nota inicial, obtenemos la octava con una frecuencia de $440 \times 1{,}059463^{12} = 880$ hercios, o el doble de la frecuencia de partida.

Determinadas de esta manera, ninguna de las frecuencias del temperamento igual de 12 tonos (12-TET) encaja exactamente con las notas correspondientes de la entonación justa, excepto en la tónica y en la octava, si bien las cuartas y las quintas están tan próximas que resultan prácticamente indistinguibles. El temperamento igual es una solución intermedia: no suena tan puro como la entonación justa, pero posee la enorme ventaja de permitir tocar música aceptablemente armoniosa en cualquier clave sin la necesidad de volver a afinar. Volvió prácticos y musicalmente flexibles los instrumentos de teclado, como el piano, y abrió amplios horizontes nuevos en la composición y la orquestación.

El 12-TET es el que se utiliza casi universalmente hoy en día en la música occidental. Pero en otras partes del mundo se han desarrollado diferentes sistemas de afinación, y a ello se debe en parte el hecho de que la música oriental y de Oriente Medio tenga un sonido exótico para nuestros oídos occidentales. Por ejemplo, la música árabe se basa en el 24-TET, por lo que hace un uso libre de los cuartos de tono. Sin embargo, solo una fracción de los

24 tonos aparece en cualquier interpretación musical, y estos están determinados por el *maqam* o tipo de melodía utilizado; algo comparable al hecho de que en la música occidental generalmente aparezcan solo 7 de los 12 tonos, que están determinados por la clave. Al igual que en el *raga* indio y en otras formas tradicionales no occidentales, existen reglas estrictas, incluso en las improvisaciones más complejas y prolongadas, que rigen la elección de notas y su relación, junto con los patrones de dichas notas y la progresión de la melodía.

Desde una edad temprana, nuestro cerebro se acostumbra a la música, que se halla omnipresente a nuestro alrededor, al igual que se adapta al idioma local, a los gustos de nuestra comida casera y a las costumbres de las personas con las que crecemos. La música de otras culturas puede sonar inusual y sorprendente, y, sin embargo, en su mayor parte sigue resultando agradable al oído. Puede que tardemos algún tiempo en acostumbrarnos a las diferentes escalas, intervalos, ritmos y estructuras de las piezas de otras partes del mundo, pero casi siempre las reconocemos como musicales. Esto se debe al hecho de que también están basadas en patrones acústicos que pueden reducirse a relaciones matemáticas relativamente simples, que gobiernan elementos tales como la melodía, la armonía y el tempo.

Es debatible si el concepto de *música* es o no universal. Incluso en Occidente, ha habido muchas exploraciones y desarrollos auditivos, especialmente a lo largo del pasado siglo, que comprueban los límites de lo que cabría llamar musical. Entre estos se incluyen la música atonal, que carece del centro tonal habitual, y la música experimental, que rompe deliberadamente las reglas acostumbradas de composición, afinaciones e instrumentación. Un pionero de esta última fue el compositor y filósofo estadounidense John Cage, cuya composición *4'33"* es una pieza en tres movimientos durante la cual el intérprete (como un pianista) o los intérpretes (hasta una orquesta completa) reciben instrucciones de no tocar nada. Los únicos sonidos oídos por el público son cualesquiera otros sonidos que se produzcan en ese momento, como alguien que tose, el crujido de una silla o los ruidos procedentes del exterior. La inspiración para ello vino de una visita de Cage a la cámara anecoica de la Universidad de Harvard, una habitación sin absolutamente nada de eco, tras la cual se sintió instado a escribir: «No existe tal cosa como el espacio vacío o el tiempo vacío. Siempre hay algo que oír o algo que ver. De hecho, por mucho que tratemos de crear un silencio, no seremos capaces». Cage pretendía que la pieza se tomase en serio, pero, acaso inevitablemente, otros vieron en ella un lado más divertido. En su ensayo «Nothing» [Nada], Martin Gardner escribió: «No he escuchado ninguna ejecución de *4'33"*, pero los amigos que lo han hecho me dicen que es la mejor composición de Cage».

Comoquiera que decidamos definirla, la música no es exclusiva de los humanos. Muchas otras especies emiten sonidos que interpretamos con frecuencia como musicales, y entre ellas sobresalen las aves y las ballenas. Maestros de las interpretaciones melodiosas en el mundo animal son los pájaros cantores, de los cuales se conocen más de cuatro mil especies, incluidas familias tales como las alondras, las currucas, los tordos y los cenzontles. Normalmente son los machos los que cantan, o bien para atraer a las hembras, o bien para proclamar su territorio, o, con suma frecuencia, para ambas cosas. Las currucas machos, que invernan en el Sahara antes de regresar a Europa en primavera, unos cuantos días antes que las hembras, cantan tanto de día como de noche, pues sus posibles parejas pueden llegar a cualquier hora, vigilando y defendiendo su territorio al mismo tiempo, y luego se sumen abruptamente en el silencio tras encontrar pareja. Cada especie tiene un canto particular, que es invariable, aunque los individuos sean capaces de distinguir sus huellas sonoras respectivas, al igual que las voces humanas nos suenan diferentes a nosotros, aunque estén cantando la misma canción. Los individuos de ciertas especies, tales como los pinzones, disponen de un repertorio de expresiones fijas. Si un pinzón canta una frase particular, su vecino le contestará con una frase similar, una especie de eco, el propósito de lo cual, según se ha sugerido, puede ser el de permitir que ambos pájaros juzguen la distancia que los separa.

Los pájaros cantores parecen ciertamente melodiosos, y compositores como Vivaldi y Beethoven han acudido a veces a ellos en busca de inspiración. Pero no está claro si alguno de sus cantos sigue la misma clase de reglas organizativas empleadas por los humanos en su música. Forzosamente, tienen que existir algunas similitudes, debido a la ciencia de la acústica y a la forma en que se producen los sonidos en la garganta y en la boca. Por ejemplo, tanto nosotros como las aves tendemos en conjunto a utilizar notas contiguas que no están demasiado espaciadas en el tono, y notas largas al final de las frases. La cuestión es si las aves, al igual que nosotros, favorecen ciertas relaciones entre las notas (escalas definidas) y otros patrones ordenados en sus cantos. No se ha investigado mucho al respecto, pero un estudio centrado en un pájaro particularmente melodioso, el soterrey ruiseñor de Costa Rica y el sur de México, buscaba cualquier intervalo en sus cantos que pudiera corresponder a escalas diatónicas, pentatónicas o cromáticas. Descubrió que no existía ninguna correspondencia, salvo la que podía producirse por azar. Esto no significa que los cantos carezcan de significado —al menos para otros pájaros—, sino simplemente que no siguen las escalas musicales occidentales. El hecho de que los sonidos nos parezcan tanto agradables como basados en patrones sugiere que son algún tipo de música, aunque no sea de nuestra calaña.

Las vocalizaciones de los cetáceos, incluidas las ballenas y los delfines, son harto más complejas que cualquiera de las producidas por las aves, y se usan tanto para la comunicación como para la ecolocalización. Los cantos de la ballena jorobada en particular se han descrito como los más complejos en el reino animal, pero no son ni piezas musicales ni conversaciones en el sentido convencional. Cada canto se crea a partir de ráfagas de sonido o «notas» que pueden durar unos segundos, y aumentan o disminuyen rápidamente de frecuencia o permanecen igual, y su frecuencia oscila entre la más baja que somos capaces de oír y algo por encima de la más alta. Además, el volumen del sonido puede variar durante su duración. Varias de estas notas juntas forman una subfrase, que dura tal vez diez segundos, y dos subfrases se combinan para formar una frase, que la ballena repite como un tema durante unos minutos. Un grupo de estos temas forma un canto que puede prolongarse durante una media hora, y luego repetirse una y otra vez durante horas o incluso días. En cualquier momento, todas las ballenas jorobadas de una región entonan el mismo canto, pero alteran gradualmente pequeños elementos en el ritmo, el tono y la duración conforme pasan los días. Las poblaciones de ballenas que ocupan la misma región geográfica tienen cantos similares, mientras que las que viven en distintas zonas del océano o en distintos océanos tienen cantos totalmente diferentes, aunque la estructura subyacente sea la misma. Hasta donde sabemos, una vez evolucionado un canto, jamás vuelve al patrón original. Los matemáticos que han aplicado la teoría de la información a los cantos ven en ellos una complejidad de sintaxis y jerarquía de

Ballena jorobada saliendo a la superficie.

estructura no encontrada previamente fuera del lenguaje humano. Ahora bien, hagan lo que hagan las ballenas, no están manteniendo conversaciones habituales, ya que los cantos, aunque sutil y continuamente cambiantes, son demasiado repetitivos. Tal vez podríamos compararlos con el *jazz* o con el *blues*, en los que se permiten e incluso se fomentan los *riffs* y las improvisaciones, si bien siguiendo unas directrices bien definidas. Una pista sobre la función de los cantos de las ballenas es que estos son interpretados exclusivamente por los machos, y los individuos más creativos, en lo que atañe a la invención de nuevas variaciones, tienden a ser más exitosos a la hora de atraer a las parejas femeninas. También es difícil evitar la sospecha de que las ballenas se lo pasan en grande en estas sesiones colectivas de improvisación.

Para nuestros oídos, el canto de las ballenas posee una belleza y una sobrenaturalidad que han sido captadas en CD destinados a la relajación y a terapias. Parte de un canto de ballenas, grabado por el biólogo marino Roger Payne usando hidrófonos cerca de la costa de las Bermudas en la década de 1970, se incorporó a los discos de oro que hoy se dirigen hacia las estrellas a bordo de las sondas gemelas *Voyager*. Uno de quienes contribuyeron a producir el disco, el escritor científico estadounidense Timothy Ferris, sugirió que el canto de las ballenas podría resultar más inteligible para los alienígenas inteligentes que para nosotros, de modo que se incluyó un fragmento largo, superpuesto a los saludos en varios idiomas humanos. Como señaló Ferris, desde el punto de vista de un alienígena: «No interfiere con los saludos, y si estás interesado en el canto de ballena, puedes extraerlo».

La música, al igual que el amor y que la vida, es difícil de definir. Podemos decir que la conocemos cuando la escuchamos, por lo que la definición llega a estar basada en el gusto personal o colectivo, que es algo puramente subjetivo. Nadie sostendría seriamente que las composiciones de Beethoven o los Beatles no son musicales. Pero ¿qué decir del canto de los pájaros? ¿Y de algunas de las producciones artísticas de artistas sónicos vanguardistas, como John Cage y Harry Partch, el último de los cuales construyó instrumentos para desafiar la ortodoxia de las escalas y armonías occidentales modernas? Si aspiramos a una definición objetiva de la música, hemos de volvernos a la ciencia de la acústica y a las leyes de las matemáticas y, en última instancia, reducir a números los sonidos y las combinaciones de sonidos. Una vez más, la forma de hacerlo depende de nosotros, pero cualquier cosa que decidamos implicará una combinación al menos de algunos de los elementos sin los cuales la música es imposible: melodía, armonía, ritmo, tempo, timbre y tal vez otros. Una vez seleccionados y programados en un ordenador un conjunto de criterios, resultaría posible analizar cualquier sonido y decidir si, conforme a las reglas elegidas, podría considerarse música. Los criterios pueden hacerse tan incluyentes o excluyentes como deseemos, dependiendo de la amplitud del campo que definamos, pero no pueden ser tan laxos que incluyan todos los sonidos, ni tan siquiera todos los sonidos regulares. El romper de las olas en la orilla es un sonido relajante y agradable, y tiene un tempo regular, pero la mayoría de las personas probablemente convendrían en que sería difícil calificarlo de musical.

Detrás de toda la música tal como normalmente la entendemos hay algún tipo de inteligencia. Cabe imaginar un sistema natural capaz de producir auténticos pasajes musicales, del mismo modo que ciertos elementos de la naturaleza manifiestan bellas formas espaciales, como una espiral de Fibonacci. Pero nada semejante se ha descubierto hasta la fecha. Hasta donde sabemos, para construir el tipo de patrones sónicos necesarios para que algo se considere música, parece precisa alguna forma de cerebro, ya se trate de humanos, ballenas, aves u ordenadores. Dado que la música es fundamentalmente matemática, y dado que la matemática, por lo que sabemos, es universal, parece sumamente probable que, si otras especies inteligentes han evolucionado dentro o fuera de nuestra galaxia, también podrían inventar algún tipo de música. Es probable que la variedad sea inmensa, como lo es en la

Tierra. Pensemos en el espectro que abarca el canto gregoriano, el flamenco, el *bluegrass*, el gamelán, el nõ, la fusión, el *rock* psicodélico, el clásico romántico y todos los demás géneros musicales del mundo entero y a través de los tiempos. Añadamos ahora la posibilidad de nuevos géneros jamás concebidos por la mente humana y resultará evidente el alcance de lo que podría abarcar la música en el cosmos. Más aún, nuestra apreciación de la música está limitada por nuestra anatomía, especialmente el rango de frecuencia al que son sensibles nuestros oídos, aproximadamente entre 20 y 20.000 hercios (ciclos por segundo). Otros animales pueden oír sonidos que exceden ampliamente ese rango: hasta 16 hercios en el caso de los elefantes y hasta unos 200.000 hercios algunos tipos de murciélagos. En teoría, no existe ningún límite para los tipos de sonidos que las anatomías alienígenas podrían ser capaces de manejar, en lo que atañe a la frecuencia, la amplitud, la capacidad de discernir diferencias tonales, el tempo y aspectos similares, o cualquier otro parámetro físico. La capacidad de procesamiento de ciertos extraterrestres puede ser inmensamente mayor que la de nuestro cerebro o que la de nuestros ordenadores más veloces, por lo que podrían apreciar como musicales ciertos sonidos complejos que, en cierto sentido, nos sobrepasarían a nosotros.

En cuanto a la música incluida en los discos de oro de las *Voyager*, actualmente en sus interminables viajes por el espacio interestelar, se ha discutido mucho qué piezas sonarían más musicales a oídos alienígenas. Algunos creen que serían las obras de Bach, el más matemático de los compositores. De hecho, de las veintisiete selecciones de música contenidas en el disco, con una duración total de noventa minutos, tres son de Bach: extractos del *Concierto de Brandenburgo n.º 2 en fa mayor,* la «Gavotte en rondeau» de la *Partita para violín n.º 3 en mi mayor,* y el preludio y la fuga n.º 1 en do mayor de *El clave bien temperado: libro 2*. Las contribuciones de Bach duran doce minutos y veintitrés segundos, o aproximadamente una séptima parte del tiempo de reproducción de todo el disco, lo cual refleja la creencia de quienes hicieron la recopilación de que la naturaleza muy estructurada de las obras de Bach, incluido su ingenioso y complejo uso del contrapunto para entretejer múltiples líneas melódicas, atraería tanto al intelecto como a la estética de cualquier ser avanzado que se topara con la nave espacial.

Tanto los científicos como los escritores han reflexionado sobre cómo podría ser la música extraterrestre. En la película *Close Encounters of the Third Kind (Encuentros en la tercera fase)*,* los alienígenas tocaban una secuencia de cinco notas de una escala mayor a modo de saludo: «re, mi, do (octava inferior), do, sol». Quizá en la historia hicieran eso porque habían estado escuchando nuestra música y querían sonar familiares. O tal vez otras especies de la galaxia inventen las mismas escalas musicales que nosotros, porque estas son las más simples en términos matemáticos y las mejores para crear melodías y armonías atractivas a partir de ellas, tanto si crecemos en la Tierra como si lo hacemos en el cuarto planeta de una estrella que dista cuarenta mil años luz. Si la matemática es universal, entonces también pueden serlo, con muchas variaciones, los fundamentos de la música, incluidos escalas y métodos de afinación similares. Hay una cierta inevitabilidad, por ejemplo, en lo que atañe al desarrollo del temperamento igual, que puede repetirse allí donde existan seres inteligentes que quieran ser capaces de tocar varios instrumentos diferentes y armonizarlos en muchas claves distintas.

Si los humanos llegan a entrar en contacto finalmente con otra inteligencia entre las estrellas, existe la posibilidad de que sea a través de la música. La idea no es nueva. En el siglo XVII, el clérigo inglés Francis Godwin, obispo de Hereford, escribió una historia titulada *The Man in the Moone (El hombre de la Luna*, publicada póstumamente en 1638)** en la que su intrépido astronauta, Domingo Gonsales, encuentra una especie de selenitas que se comu-

* Steven Spielberg, 1978.

** Santa Cruz de Tenerife, Idea, 2003.

nican mediante un lenguaje musical. La idea de Godwin se basa en una descripción del idioma chino hablado, con sus sonidos tonales, llevada a cabo por los misioneros jesuitas que habían regresado recientemente a Europa. En el cuento de Godwin, los selenitas utilizaban notas diferentes para representar las letras de su alfabeto.

En la década de 1960, el radioastrónomo alemán Sebastian von Hoerner, que escribió profusamente sobre la búsqueda de inteligencia extraterrestre (SETI, por sus siglas en inglés), argumentó en favor de la música como un medio predilecto de comunicación interestelar. Y bien podría suceder, sugería, que la música alienígena compartiera algunas características con la nuestra. Allí donde evolucionase la música polifónica, en la que se toca más de una nota al mismo tiempo, existiría solamente un número limitado de soluciones viables que produjesen sonidos armoniosos. Para permitir las modulaciones de una clave a otra, es preciso dividir una octava en partes iguales, y las frecuencias de los tonos correspondientes han de guardar ciertas proporciones matemáticas entre sí. La solución ideada en la música occidental es la escala 12-TET. Esta escala, decía Von Hoerner, podría surgir en la música de otros mundos, al igual que otras dos escalas que ofrecen buenas soluciones para la polifonía: la escala de 5 tonos y la escala de 31 tonos. Sobre esta última escribieron numerosos estudiosos en el siglo XVII, incluido el astrónomo Christiaan Huygens, y podría ser la escala preferida por seres cuyo sistema auditivo sea más sensible que el nuestro. Los alienígenas cuya biología los hubiera hecho menos hábiles para distinguir entre tonos muy seguidos tendrían tal vez más probabilidades de usar la escala 5-TET.

Con frecuencia se asume que el primer mensaje que recibamos de «ahí afuera» tendrá un contenido científico o matemático. Ahora bien, ¿qué mejor forma de saludar que enviar una pieza musical realmente buena, que no solo tenga una base lógica, sino que esté asimismo llena de la pasión y las emociones de sus creadores?

CAPÍTULO 7

El misterio de los primos

> Los matemáticos han tratado en vano hasta hoy de descubrir algún orden en la secuencia de los números primos, y tenemos razones para creer que se trata de un misterio en el que la mente humana jamás penetrará.
>
> LEONHARD EULER

> El principal problema al que se enfrentan los matemáticos en la actualidad es probablemente la hipótesis de Riemann.
>
> ANDREW WILES

Un número primo es, simplemente, un número natural que puede dividirse, sin un resto, solo por sí mismo y por 1. Podría parecer que esta cualidad no es particularmente especial, pero los números primos ocupan una posición de importancia central en las matemáticas. No supone ninguna exageración decir que algunos de los mayores misterios sin resolver en esta materia implican a los números primos y que, en un nivel práctico, estos números desempeñan un papel importante en nuestra vida diaria. Cuando utilizas una tarjeta bancaria, por ejemplo, el ordenador del banco comprueba que seas el propietario mediante un algoritmo que transforma un número muy grande en un producto único de dos números primos conocidos. Buena parte de nuestra seguridad financiera depende en última instancia de estos raros bichos numéricos.

Los primeros números primos son 2, 3, 5, 7, 11, 13, 17, 19, 23 y 29. Todos los números que no son primos se dice que son compuestos. El propio número 1 no se considera primo, aunque podría serlo, porque si lo fuera, complicaría ciertos teoremas útiles, incluido uno muy importante, denominado *teorema fundamental de la aritmética*. Este teorema establece que todo número puede expresarse de forma única (ignorando las reordenaciones) como un producto de uno o más números primos. Por ejemplo, $10 = 2 \times 5$ y $12 = 2 \times 2 \times 3$. Si se admitiese el 1 entre los números primos, habría un número infinito de formas de expresar un producto semejante, pues este podría incluir cualquier número de 1 multiplicados.

En la naturaleza, los números primos surgen de maneras muy inesperadas y sorprendentes. Una especie de cigarra, la *Magicicada septendecim*, tiene un ciclo vital de 17 años. Todos los individuos de esta especie permanecen en su fase larvaria durante 17 años exactamente, antes de que todas ellas surjan a la vez como adultas para aparearse. Otra especie, la *Magicicada tredecim*, es similar, pero tiene un ciclo vital de 13 años. Existen varias teorías sobre por qué estas cigarras han desarrollado ciclos vitales de números primos específicos. La más popular es que existía un depredador, que aparecía también en un número regular de años. Si tanto las cigarras como los depredadores alcanzaran la madurez en el mismo año, probablemente esa nidada de cigarras habría sido exterminada. La supervivencia de las cigarras dependía del desarrollo de un ciclo vital que se solapase lo menos posible con el de los depredadores. Por ejemplo, si una especie tenía un ciclo vital de 15 años, el depredador podría aparecer cada 3 o 5 años y matar a las cigarras cada vez que estas emergiesen, o bien aparecer cada 6 o 10 años, y matar a las cigarras en su segunda aparición, lo

Una cigarra.

cual abocaría a la rápida extinción de la especie. Sin embargo, si una cigarra tiene un ciclo vital de 17 años, entonces, si el depredador tuviera un ciclo vital de menos de 17 años (lo cual es probable, pues las evidencias sugieren que el hipotético depredador tenía un ciclo vital más corto que el de las cigarras), este aparecería infructuosamente 16 veces consecutivas y probablemente moriría de hambre. Estos depredadores habrían desaparecido hace mucho tiempo, dejando atrás a las cigarras que vemos en la actualidad con sus ciclos vitales regidos por números primos.

Sabemos que debe de haber un número infinito de números primos o, lo que viene a ser lo mismo, que no existe el mayor número primo. Euclides lo demostró hace más de dos mil años. Una prueba diferente pero simple discurre en los siguientes términos: supongamos que el número de primos *no* es infinito. En tal caso, seríamos capaces de multiplicarlos todos ellos: $2 \times 3 \times 5 \times 7$ y así sucesivamente, hasta el mayor de la lista. Llamemos P al gigantesco producto que obtendríamos y añadámosle 1. Solo hay dos posibilidades: o bien $P + 1$ es primo, o bien es divisible por un primo más pequeño. Pero si dividimos $P + 1$ por cualquier primo de nuestra lista supuestamente formada por todos los números primos, siempre sobraría un 1, lo cual nos obligaría a concluir que $P + 1$ también ha de ser primo o tener un factor primo que no figura en la lista. Partiendo del supuesto de que existe un número primo mayor, desembocamos en una contradicción. En lógica y en matemáticas, esto es lo que se denomina *reductio ad absurdum*; en otras palabras: la refutación de un argumento mostrando que tiene consecuencias absurdas. El supuesto inicial ha de ser falso y, por consiguiente, su opuesto ha de ser verdadero: existen infinitos números primos, un resultado conocido como *teorema de Euclides*.

Los matemáticos de la Antigüedad no tenían facilidad para calcular grandes números primos. Sin duda, en la Grecia clásica habrían sabido que 127 era primo, pues así se desprende de un resultado de los *Elementos*, de Euclides, y quizá conociesen otros hasta valores de unos cuantos centenares o millares. En el Renacimiento se descubrieron números primos significativamente mayores, incluido el número 524.287, descubierto por Pietro Cataldi, un prominente cazador de números primos de Bolonia. La búsqueda de otros nuevos comenzó a centrarse en los números de la forma $2^n - 1$, donde n es un número entero, que hoy se conocen como *números de Mersenne*, en honor del monje francés del siglo XVII Marin Mersenne, que dedicó mucho tiempo a estudiarlos. Los números de Mersenne son útiles «primos sospechosos» porque, seleccionados al azar, tienen muchas más probabilidades de ser primos que los números impares de tamaño similar seleccionados aleatoriamente (aunque no todos los números de Mersenne son primos). Los primeros primos de Mersenne (números de Mersenne que son primos) son 3, 7, 31 y 127. El gran primo de Cataldi es el decimonoveno número de Mersenne (M_{19}) y el séptimo primo de Mersenne. Transcurrió casi un siglo y medio hasta que el matemático suizo Leonhard Euler descubriera en 1732 un primo más grande. Casi un siglo y medio después, en 1876, pasó a ostentar el récord Édouard Lucas, quien mostró que el 127.º número de Mersenne (M_{127}), con un valor aproximado de 1,7 billones de billones de billones, también es primo.

Aunque muchos números de Mersenne son efectivamente primos, el propio Mersenne cometió unos cuantos errores al determinar la primalidad, tales como creer que M_{67} era primo. Los factores fueron descubiertos en 1903 por Frank Nelson Cole. El 31 de octubre, le invitaron a dar una charla de una hora en la Sociedad Matemática de Estados Unidos. Se dirigió a la pizarra y, sin decir una sola palabra, calculó $2^{67} - 1$ a mano, y luego calculó 139.707.721 × 761.838.257.287, demostrando que son iguales, antes de regresar a su asiento con el público puesto en pie para ovacionarlo. Aseguraba haber tardado «tres años de domingos» en hallar los factores de $2^{67} - 1$.

Desde 1951, la búsqueda de nuevos números primos ha implicado exclusivamente ordenadores y algoritmos cada vez más veloces para tratar de encontrar primos de Mersenne cada vez mayores. En el momento de redactar estas páginas, el mayor conocido es $M_{74207281}$, que tiene 22.338.618 dígitos. Fue descubierto el 17 de septiembre de 2015 por Curtis Cooper, de la Universidad de Misuri Central, como parte de la gran búsqueda de primos de Mersenne por Internet (GIMPS, por sus siglas en inglés), un proyecto informático distribuido y colaborativo de voluntarios que ha calculado los quince primos de Mersenne mayores en los veintitantos años que lleva funcionando. Como ha llegado a ser habitual, sus descubridores celebraron el acontecimiento descorchando una botella de champán.

Sabemos, pues, lo que es un número primo y que los primos continúan para siempre. Sabemos que pueden resultarnos útiles en el mundo moderno y que también surgen en la naturaleza. Pero son muchas las cosas que ignoramos sobre los números primos, incluido si determinadas hipótesis muy conocidas son verdaderas o no. Una de las más famosas es *la conjetura de Goldbach*, que debe su nombre al matemático alemán Christian Goldbach. Esta conjetura establece que todo número par mayor de 2 puede expresarse como la suma de dos números primos. Para los números pares pequeños (4 = 2 + 2, 6 = 3 + 3, 8 = 3 + 5, 10 = 3 + 7, y así sucesivamente) es fácil de verificar. Los números mucho mayores se han comprobado mediante ordenadores y nunca se ha visto que falle la regla. No obstante, nadie sabe si es cierta en todos los casos.

Otra conjetura no resuelta tiene que ver con los pares de números primos que difieren en solo 2, como 3 y 5, y 11 y 13. Estos se denominan primos gemelos, y la llamada *conjetura de los primos gemelos* dice que estos existen en número infinito. Hasta el momento, sin embargo, nadie ha sido capaz de demostrar que sea cierta más allá de toda duda.

Quizá el mayor misterio de todos los relacionados con los números primos concierne a su distribución. Entre los números naturales pequeños, los primos son muy comunes, pero devienen cada vez más escasos conforme crece el tamaño de los números. Los matemáticos están interesados en el ritmo al que se produce su disminución y en cuánto podemos saber sobre la frecuencia de los números primos. Su aparición no sigue ningún patrón regular estricto, pero eso no quiere decir que surjan así como así. En *The Book of Prime Number Records* [El libro de los récords de los números primos], Paulo Ribenboim lo expresa en estos términos:

> [Es] posible predecir con bastante exactitud el número de primos más pequeños que *N* (especialmente cuando *N* es grande); por otra parte, la distribución de números primos en intervalos cortos muestra una especie de aleatoriedad intrínseca. Esta combinación de «aleatoriedad» y «predictibilidad» produce al mismo tiempo una disposición ordenada y un elemento de sorpresa en la distribución de los números primos.

Innumerables matemáticos han comentado la naturaleza enigmática de los números primos. Son las cosas más simples de describir; tan simples que a los niños de la escuela primaria se les enseña lo que son y con frecuencia se les pide que nombren los primeros o que digan si un número es primo o no. El propio Agnijo quedó fascinado a una edad muy temprana con los números primos y con algunos de los problemas no resueltos en torno a ellos. Con el tiempo, esto condujo a su fascinación con otros grandes misterios de la teoría de los números.

Los primos se asemejan mucho asimismo a los átomos del universo numérico, a partir de los cuales se construyen todos los demás números naturales. Cabría pensar que existen buenos motivos para esperar y suponer que obedezcan leyes estrictas, y que debería ser fácil predecir dónde aparecerá el próximo en la recta numérica. Sin embargo, estos componentes básicos de las matemáticas sumamente elementales son asombrosamente rebeldes y caprichosos en su comportamiento. Es esta tensión entre las expectativas y la realidad, junto con la fuerte sospecha de que ciertos principios organizativos de enorme importancia están fuera de nuestro alcance, lo que ha fascinado a los matemáticos desde la Antigüedad.

Contemplados individualmente, o en pequeños grupos, los números primos parecen en efecto anárquicos. Pero observados en masa, como bancos de peces o bandadas de estorninos, aflora un grado de organización previamente escondido. Uno de los descubrimientos más curiosos sobre ellos sucedió por casualidad. Mientras escuchaba una aburrida conferencia en 1963, el matemático polaco Stanislaw Ulam comenzó a garabatear en un papel. Escribió una espiral cuadrada de números, que partía del 1 en el centro y se abría gradualmente siguiendo una cuadrícula rectangular. A continuación, dibujó un círculo alrededor de todos los números primos y se percató de algo sorprendente. A lo largo de ciertas diagonales de la espiral, así como de algunos alineamientos horizontales y verticales, los números primos eran inusualmente densos. Las espirales de Ulam más grandes, que se generan por

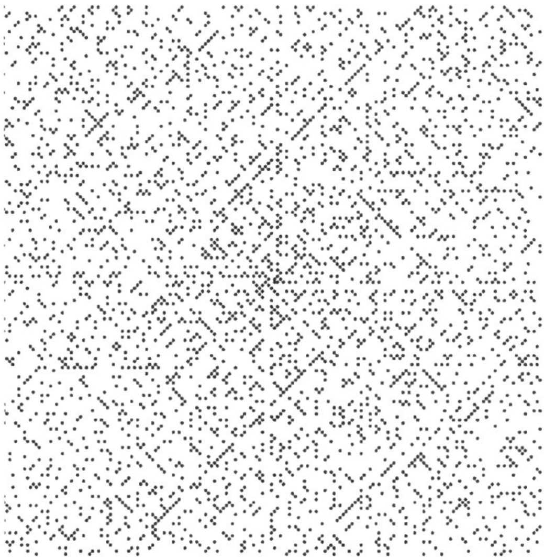

La espiral de Ulam.

ordenador y contienen decenas de miles de números, continúan exhibiendo estos patrones. De hecho, parecen extenderse hasta donde estemos dispuestos a calcular.

Algunas de las líneas prominentes de la espiral se corresponden con determinadas fórmulas algebraicas que sabemos que generan muchos números primos. La más conocida de estas fue descubierta por Leonhard Euler y lleva su nombre. El *polinomio generador de primos* de Euler, $n^2 + n + 41$, arroja números primos para todos y cada uno de los valores de n desde 0 hasta 39. Por ejemplo, para $n = 0, 1, 2, 3, 4$ y 5, el resultado es 41, 43, 47, 53, 61 y 71 respectivamente. Para $n = 40$, genera el número cuadrado (no primo) 41^2, pero continúa produciendo una frecuencia muy elevada de primos a medida que n va creciendo. Existen otras fórmulas similares que, por alguna razón que no está clara, poseen esta capacidad particular de generar primos a gran velocidad. Los matemáticos continúan discutiendo el significado de los patrones de la espiral de Ulam y su conexión con problemas no resueltos, como la conjetura de Goldbach, la conjetura de los primos gemelos y la hipótesis, conocida como *conjetura de Legendre*, de que siempre existe al menos un primo entre los cuadrados perfectos consecutivos. Lo que la espiral pone de manifiesto gráficamente, sin embargo, es la existencia de patrones, y que, a pesar de que su distribución parece aleatoria, los primos siguen ciertas reglas generales que rigen su comportamiento en grupos más grandes.

El mejor teorema del que disponemos sobre la distribución de los números primos se denomina, como era de esperar, *teorema de los números primos* y suele considerarse uno de los mayores logros de la teoría de los números. En resumidas cuentas, dice que para cualquier número N que sea suficientemente grande, el número de primos inferiores a N es aproximadamente igual a N dividido entre el logaritmo natural de N (el logaritmo natural de un número es la potencia a la que ha de elevarse el número e, que es igual a 2,718..., para ser igual al número). Esta fórmula no nos dice dónde aparecerá el primo siguiente, pero sí nos ofrece una indicación precisa de cuántos números primos hay dentro de un intervalo numérico dado, siempre que dicho intervalo sea lo bastante grande.

A diferencia del teorema de Euclides de la infinitud de números primos, que, como hemos visto, puede explicarse en lenguaje llano en unas líneas, la demostración del teorema de los números primos costó un siglo de esfuerzos. Fue propuesto por primera vez por el alemán Carl Gauss, cuando era adolescente, en 1792 o 1793, e independientemente por el francés Adrien-Marie Legendre unos cuantos años más tarde. Por supuesto, los matemáticos habían reconocido hacía tiempo que los huecos entre los primos tienden a ampliarse a medida que crece el tamaño de los números, pero fue la publicación de tablas ampliadas de primos y de tablas más largas y precisas de logaritmos en la segunda mitad del siglo XVIII lo que ayudó a estimular los esfuerzos por hallar fórmulas concretas para describir este clareo. Gauss y Legendre detectaron la implicación de un tipo de función de uno entre logaritmo. Otros progresos importantes hacia el refinamiento de la fórmula de distribución fueron llevados a cabo por el matemático ruso Pafnuty Chebyshev entre 1848 y 1850. Pero el mayor avance fue fruto de los esfuerzos del alemán Bernhard Riemann, quien, en 1859, publicó una memoria de ocho páginas, su único escrito sobre el tema, titulada «Sobre el número de primos inferiores a una magnitud dada». En ella proponía una sugerencia, posteriormente denominada *hipótesis de Riemann*, que desde entonces no cesa de provocar y atormentar a los matemáticos en sus intentos de demostrarla. David Hilbert dijo supuestamente que lo primero que preguntaría al despertar de un sueño de mil años sería: «¿Se ha comprobado ya la hipótesis de Riemann?». En su libro sobre la teoría que subyace a la propuesta de Riemann, el matemático estadounidense H. M. Edwards escribía:

> Sin lugar a dudas, se trata del problema más célebre de las matemáticas y continúa atrayendo la atención de los mejores matemáticos, no solo por llevar tanto tiempo sin resolverse, sino también porque se antoja atractivamente vulnerable y porque probablemente su solución revelaría nuevas técnicas de importancia trascendental.

Para recalcar la alta consideración de la que goza la hipótesis de Riemann, hay que decir que es uno de los siete problemas del milenio identificados por el Clay Mathematics Institute de Cambridge, Massachusetts, para cuya primera solución verificada se ofrece un premio de un millón de dólares. Es uno de los dos que a Agnijo le agradaría especialmente resolver, junto con la conjetura de P versus NP (comentada en el capítulo 5). La hipótesis de Riemann es, además, el único de los problemas del milenio que figura en una lista de veintitrés problemas importantes no resueltos, comentados por David Hilbert en una conferencia pronunciada el 8 de agosto de 1900 en el Congreso Internacional de Matemáticos celebrado en París.

En la cuestión de cómo se distribuyen los números primos, Riemann aplica los métodos de una rama recientemente desarrollada de las matemáticas conocida como *análisis complejo*. Como el nombre sugiere, este tiene que ver con todas las formas diferentes de trabajar con números complejos: números que contienen una parte real y una parte «imaginaria», como por ejemplo $5 - 3i$, donde i es la raíz cuadrada de −1. En el núcleo del análisis complejo figura el estudio de las funciones complejas, que son simplemente reglas para convertir un conjunto de números complejos en otro. Ya en 1732, el prodigioso y asombrosamente creativo matemático suizo Leonhard Euler, cuyas obras completas suman más de 31.000 páginas, definió una bestia del mundo matemático desconocida hasta entonces, llamada *función zeta.* Se trata de un tipo de serie infinita: una suma infinitamente larga de términos que pueden converger o no hacia un valor finito dependiendo de los números que se le suministren. Bajo determinadas circunstancias, la función zeta se reduce a una serie similar a la serie armónica $1 + \frac{1}{2} + \frac{1}{3} + \frac{1}{4} + \ldots$ que se ha estudiado desde la antigua Grecia, cuando Pitágoras y sus discípulos estaban obsesionados con comprender el universo en términos de números y armonía musical. Riemann tomó la función zeta de Euler y la amplió para incluir los números complejos, razón por la cual la función zeta compleja se conoce también como función zeta de Riemann.

En su famosa memoria de 1859, Riemann propuso la que consideraba una fórmula más apropiada para calcular cuántos números primos hay hasta un número dado. Sin embargo, esta fórmula depende de saber para qué valores la función zeta de Riemann es 0. La función zeta de Riemann se define para todos los números complejos de la forma $x + iy$, excepto aquellos para los que $x = 1$. El valor de la función es 0 para todos los enteros pares negativos (−2, −4, −6, etcétera), pero estos carecen de interés a la hora de abordar el problema de cómo se distribuyen los números primos, por lo que se definen como ceros «triviales». Riemann advirtió que la función tiene asimismo un número infinito de ceros en una franja crítica entre $x = 0$ y $x = 1$ y, además, que estos ceros «no triviales» son simétricos con respecto a la línea $x = \frac{1}{2}$. Su famosa hipótesis es que todos los ceros no triviales de la función zeta compleja se sitúan de hecho *exactamente* en esta línea.

Si es verdadera, la hipótesis de Riemann implica que los números primos se distribuyen con la máxima regularidad posible dentro de los límites últimos impuestos por el teorema de los números primos. En otras palabras, dando por sentado que existe una cierta cantidad de «ruido» o de «caos» que introduce incertidumbre sobre la aparición de los números primos, la hipótesis de Riemann dice que el ruido está extremadamente bien controlado, es decir, que la aparente indisciplina de los primos está perfectamente coreografiada entre bastidores. Otra forma de pensar en esto es en términos del lanzamiento de un dado de múltiples caras, que tiene una probabilidad de $1/\log n$ de salir primo. Supongamos que, para cada número entero n mayor o igual a 2, lanzamos el dado n veces. En un mundo ideal, el número esperado de primos sería $n/\log n$. Pero como el mundo no es ideal, siempre hay alguna variación (un margen de error) en torno al valor esperado. El tamaño de este error viene dado por lo que habitualmente se denomina *ley de los promedios* (o *grandes números*). Lo que afirma la hipótesis de Riemann es que la desviación de la distribución de números primos a partir de $n/\log n$ no es mayor que lo que predice la ley de los promedios.

Existen numerosas evidencias sólidas que sugieren que la hipótesis de Riemann es verdadera. El propio Riemann comprobó los primeros ceros no triviales para asegurarse de que obedecían a su regla, y, con uno de los primeros ordenadores, Alan Turing efectuó el cálculo hasta el primer millar. En 1986 llegó la verificación de que los primeros 1.500 millones de ceros no triviales de la función zeta de Riemann se sitúan en la línea crítica donde la parte real de la función es igual a ½. Mucho antes, en 1915, G. H. Hardy había demostrado que existe un número infinito de ceros no triviales (aunque no necesariamente todos ellos) en esta línea. En 1989, el matemático estadounidense Brian Conrey demostró que el número de ceros sobre la línea tenía que ser más de ⅖ de la población entera de ceros en la franja crítica. Seis años más tarde, tras varios años dirigiendo ZetaGrid, un proyecto informático distribuido, se reveló que los primeros 100.000 millones de ceros de la función de Riemann caían precisamente en la línea crítica, sin excepción.

Resultaría perverso sospechar que la hipótesis de Riemann fuese falsa dadas todas las indicaciones de que es correcta. Ahora bien, en matemáticas la creencia y la evidencia convincente están a un mundo de distancia de la demostración. A falta de demostración, cualquier resultado, por útil que sea, que dé por sentada la mera sugerencia de un teórico, incluso de alguien tan eminente como Bernhard Riemann, es como una casa construida sobre la arena. Mientras persista la posibilidad de que un solo cero no trivial ocupe un lugar de la franja crítica distinto de la línea $x = ½$, esta maravillosa idea de Riemann no tiene más peso en realidad que la pura ilusión.

No obstante, la importancia de demostrarla (o refutarla) va mucho más allá de los límites de la teoría de números o de las matemáticas en su conjunto. La hipótesis de Riemann resulta tener una conexión sutil pero directa con el universo subatómico. Un día de abril de 1972, en el Institute for Advanced Studies de Princeton, Nueva Jersey, los matemáticos Hugh Montgomery y Atle Selberg estaban charlando sobre el reciente descubrimiento de Montgomery acerca del espaciamiento de los ceros no triviales sobre la línea crítica. Más tarde, en la cafetería, a Montgomery le presentaron a Freeman Dyson, que era profesor en la School of Natural Sciences. Tan pronto como Montgomery mencionó el tema de su trabajo sobre los ceros, Dyson se percató de que las matemáticas eran idénticas a las de una teoría que él había investigado en la década de 1960. La denominada *teoría de las matrices aleatorias* puede utilizarse para efectuar cálculos sobre los niveles de energía de las partículas en el interior de los núcleos atómicos pesados. Dyson recordaba su sorpresa al ver aparecer las mismas ecuaciones en un campo relacionado con la distribución de números primos:

> Su resultado era el mismo que el mío. Ambos venían de direcciones completamente diferentes y se obtenía la misma respuesta. Eso demuestra que es mucho lo que nos falta por comprender, y cuando lleguemos a comprenderlo, probablemente nos resultará obvio. Pero, por el momento, se trata de un milagro.

Con frecuencia, determinados aspectos de las matemáticas, como la hipótesis de Riemann, parecen completamente abstractos y carentes de interés, excepto como un complejo ejercicio intelectual. Pero he aquí un ejemplo —y estos no son tan infrecuentes como pudiera parecer— de una conexión directa entre las matemáticas aparentemente puras y el universo físico en un plano fundamental.

Más de ciento cincuenta años han transcurrido desde que Riemann anunciara al mundo su hipótesis, y la ausencia de una demostración se ha convertido en una laguna enorme en el corazón de las matemáticas. Tal vez las ideas necesarias para resolverla sean tan avanzadas o radicales que excedan el alcance de nuestra comprensión actual. En tal caso, la búsqueda misma de una demostración puede contribuir al desarrollo de técnicas matemáticas potentes y novedosas. Si por fin se encuentra una demostración, será difícil exagerar su importancia para las matemáticas, debido al papel fundamental que los números primos desempeñan en el sistema numérico y a su relación con áreas extraordinariamente diversas de la disciplina. El futuro de centenares de teoremas dependerá de que la hipótesis de Riemann resulte ser verdadera o falsa. Si es verdadera, se formularán nuevas preguntas, incluida *por qué* los números ocupan un punto de equilibrio tan delicado entre la aleatoriedad y el orden. Si es falsa, entonces todos estos teoremas se derrumbarán y un terremoto devastador sacudirá las matemáticas hasta su núcleo.

Nadie espera que la hipótesis de Riemann se demuestre o se refute próximamente. No obstante, a veces las demostraciones matemáticas aparecen de repente y sin previo aviso. Tal fue el caso de la magnífica demostración del último teorema de Fermat por Andrew Wiles. También sucedió más recientemente respecto a un descubrimiento relacionado con la conjetura de los primos gemelos: la idea, que suele creerse cierta, de que existen infinitos pares de primos gemelos. En 1849, el matemático francés Alphonse de Polignac fue más allá y propuso que existía una cantidad infinita de pares de números primos para cualquier intervalo finito posible, no solo de 2. Pocos progresos se habían llevado a cabo en la demostración de estas sugerencias hasta que de repente, en 2013, un profesor de mediana edad de la Universidad de New Hampshire llamado Yitang Zhang, desconocido en la comunidad matemática, publicó un artículo con un resultado asombroso. Zhang había logrado demostrar que existe un número N, inferior a 70 millones, tal que hay infinitos pares de primos que difieren en N. Lo que esto significa es que, por mucho de deambulemos por las tierras remotas de un número cada vez mayor de primos, y por muy dispersos que lleguen a estar en general los números primos, jamás cesaremos de encontrar pares de primos que difieran en menos de 70 millones. Existen razones sobradas para creer que este número puede reducirse enormemente, y para confiar, en un sentido más amplio, en que surjan en el horizonte avances extraordinarios en la investigación sobre los números primos.

Aunque los números primos son bastante simples de entender, forman patrones misteriosos que todavía no hemos explicado adecuadamente. ¿Es todo primo par la suma de dos primos? ¿Existen infinitos pares de primos que difieren en 2? Nadie lo sabe con certeza, aunque muchos creen que estamos cerca de hallar una respuesta. Los números primos también parecen fundamentales para la práctica totalidad de las matemáticas, y quizá para el propio universo físico.

CAPÍTULO

8

¿Puede resolverse el ajedrez?

> El ajedrez es un nexo cognitivo único, un lugar donde el arte y la ciencia se unen en la mente humana, para ser luego refinados y perfeccionados por la experiencia.
>
> GARRI KASPÁROV

Imaginemos un ordenador increíblemente potente, capaz de descubrir siempre la mejor jugada en cualquier posición posible de ajedrez. La *mejor jugada* es aquella que conduce más rápidamente a ganar o, cuando menos, a no perder; en otras palabras, al resultado óptimo para el jugador. Supongamos ahora que este ordenador jugara contra otro que fuese idéntico a él en todos los aspectos. ¿Qué ordenador ganaría?, ¿o acabarían siempre en tablas? Hemos resuelto tantos problemas monumentales en matemáticas que cabría pensar que un viejo juego como el ajedrez, con reglas fáciles de aprender, no habría de plantear ningún reto a los teóricos pertrechados con las últimas tecnologías informáticas. Pero nada podría estar más lejos de la verdad.

La primera máquina de ajedrez, conocida como Turco, era en realidad un engaño, aunque logró tomar el pelo a mucha gente entre 1770, cuando fue presentada por primera vez por su inventor, el húngaro Wolfgang von Kempelen, y su destrucción por el fuego en 1854. Entre quienes la vieron en acción estaban Napoleón Bonaparte (un matemático nada despreciable, por cierto), Benjamin Franklin y uno de los pioneros de la computación moderna, Charles Babbage. Sobre un gran mueble de madera estaban la cabeza y la parte superior del cuerpo de un maniquí de tamaño natural, vestido con impresionantes túnicas otomanas y un turbante. En el frente del armario podían abrirse tres puertas que revelaban un intrincado mecanismo y otros componentes, mientras que también podían abrirse otras tres puertas en la trasera, de una en una, para permitir que los espectadores vieran el otro lado. Lo que no veían, sin embargo, era al experto ajedrecista humano, sentado en un asiento que podía deslizarse de un lado a otro del armario mientras se abrían y cerraban sucesivamente las puertas. El ocupante oculto decidía los movimientos hechos en respuesta a quienquiera que estuviese retando a la máquina, y acto seguido operaba el brazo y la mano del Turco para mover las piezas de ajedrez sobre el tablero a la vista del público, mediante articulaciones conectadas a un tablero de ajedrez de clavijas en el interior del mueble. Pese a la ingeniosa y exquisita fabricación del autómata de Von Kempelen, este dependía plenamente de la capacidad intelectual humana para vencer a sus rivales.

Ningún prodigio mecánico —ninguna sinfonía de engranajes y ruedas dentadas, palancas y conexiones— podría funcionar con la suficiente velocidad para jugar ni siquiera una modesta partida de ajedrez, habida cuenta de la complejidad del juego. Las esperanzas de construir una máquina de ajedrez tuvieron que aguardar al desarrollo del ordenador electrónico tras la Segunda Guerra Mundial. Los pioneros de la computación, como Alan Turing, John von Neumann y Claude Shannon, estaban interesados en el ajedrez como un medio para probar las primeras ideas en inteligencia artificial. En un influyente artículo sobre el tema publicado en 1950, Shannon escribió: «Aunque carece de importancia práctica, la cuestión reviste un interés teórico, y es de esperar que

[...] este problema actúe como una cuña para abordar otros problemas de mayor relevancia». Un par de años más tarde, Dietrich Prinz, un colega de Turing, ejecutó el primer programa de ajedrez en el nuevo ordenador Ferranti Mark I en la Universidad de Mánchester. Las limitaciones de memoria y procesamiento implicaban que solo pudiese solucionar problemas de «mate en dos», es decir, encontrar la mejor jugada a dos movimientos del jaque mate. Una versión reducida del ajedrez, que utilizaba un tablero de 6 por 6 sin alfiles, se programó para su ejecución en la computadora MANIAC I en el laboratorio de Los Álamos, en 1956. La computadora jugó tres de estas partidas «anticlericales»:* la primera contra sí misma, la segunda contra un buen ajedrecista humano que jugaba con la desventaja de no tener reina, a pesar de lo cual perdió la computadora, y la tercera contra un novato que acababa de aprender las reglas. En esta última partida ganó la computadora, si bien contra un rival débil, marcando así la primera victoria de la máquina sobre el humano.

En 1958, un investigador de IBM, Alex Bernstein, escribió el primer programa capaz de jugar partidas de ajedrez estándar en el ordenador central 704 de la empresa, en el que se desarrollaron los lenguajes de programación Fortran y LISP y en el que se logró por primera vez la síntesis de voz. La escena de la película *2001: A Space Odyssey (2001: una odisea en el espacio)*** en la que la conciencia del ordenador HAL 9000 se degrada progresivamente a medida que Dave Bowman desconecta sus circuitos cognitivos, fue inspirada por Arthur C. Clarke, quien presenciara unos cuantos años antes los esfuerzos de síntesis de voz de 704. En una secuencia anterior de la película, HAL derrota fácilmente al astronauta Frank Poole en el ajedrez. El director Stanley Kubrick era un apasionado ajedrecista, por lo que no es de extrañar que los

* Los autores califican jocosamente estas partidas de anticlericales por jugarse sin alfiles, que en inglés se llaman «obispos» *(bishops)*.

** Stanley Kubrick, 1968.

movimientos mostrados en el enfrentamiento entre HAL y Poole sean de una partida real, concretamente entre A. Roesch y W. Schlage, jugada en Hamburgo en 1910.

El reto al que se enfrentan todas las máquinas de ajedrez es la inmensa complejidad del juego, en cuanto a la estrategia y a los movimientos posibles. En total existen alrededor de 10^{46} posiciones posibles y al menos 10^{120} partidas distintas de ajedrez. Este último se conoce como *número de Shannon*, en honor de Claude Shannon, que lo estableció en su artículo de 1950 «Programming a Computer for Playing Chess» [Programando un ordenador para jugar al ajedrez]. Al principio, las cosas son bastante simples, con solo veinte movimientos posibles para las blancas: dieciséis que implican a los peones, solo tres de los cuales son comunes, y cuatro que implican a los caballos, solo uno de los cuales es común. Pero el número de posibilidades crece rápidamente conforme avanza la partida y entran en acción otras piezas, incluidos los alfiles, las torres, la reina y el rey. Una vez que cada jugador ha hecho un movimiento, hay 400 posiciones diferentes posibles; después de dos movimientos, 72.084 posiciones; después de tres movimientos, más de 9 millones de posiciones; y después del cuarto movimiento, más de 288.000 millones de posibles posiciones diferentes. Esto equivale aproximadamente a una por cada estrella de nuestra galaxia, mientras que el número total de partidas de ajedrez es muchísimo mayor que el número de partículas fundamentales del universo.

En los primeros tiempos del ajedrez por ordenador, el relativamente primitivo *hardware* disponible suponía un serio hándicap. Pero el enfoque básico de la programación para jugar una buena partida ya había sido descubierto en la década de 1950 por el matemático húngaro-estadounidense John von Neumann. El *algoritmo minimax* recibe este nombre porque se esmera en minimizar la puntuación del adversario y, al mismo tiempo, maximizar su propia puntuación. A finales de la década, se había combinado con otro enfoque conocido como *poda alfa-beta*, que utiliza reglas

Tablero de ajedrez en casa de Agnijo. La posición mostrada ocurrió entre Deep Blue (blancas) y Garri Kaspárov (negras) en 1996, en la partida en la que un ordenador derrotó por primera vez al humano campeón del mundo.

generales (la heurística), destiladas de la estrategia de juego de los mejores jugadores humanos, para extirpar pronto las malas jugadas con el fin de que el ordenador no pierda el tiempo recorriendo ramas infructíferas de su árbol de búsqueda. Esto no es lo mismo que un ordenador que aprende de sus errores —eso llegaría más tarde—, sino más bien un intento de programar basándose en algunos buenos consejos y combinaciones de movimientos empleados por los grandes maestros del pasado.

A medida que los ordenadores se iban volviendo más potentes, en las décadas de 1970 y 1980, eran capaces de ejecutar programas que buscaban con más profundidad e inteligencia. En 1978, un ordenador ganó por primera vez una partida contra un maestro humano. La misma década asistió al comienzo de los campeonatos mundiales de ajedrez por ordenador. Uno de los autores (David), mientras trabajaba como gerente de *software* de aplicaciones para el fabricante de superordenadores Cray Research de Minneapolis, colaboró con Robert Hyatt, de la Universidad de Alabama en Birmingham, para optimizar el programa de ajedrez de Hyatt, Blitz, para su ejecución en Cray-1, a la sazón el ordenador más rápido del mundo. En 1981, Cray Blitz se convirtió en el primer ordenador que consiguió la calificación de maestro tras ganar 5 a 0 el Campeonato del Estado de Misisipi, y en 1983 derrotó a su archirrival Belle, de Bell Labs, para convertirse en el campeón mundial de ajedrez por ordenador.

Desde entonces, el progreso en ajedrez por ordenador ha sido espectacular. En 1997, el campeón mundial de ajedrez humano, Garri Kaspárov, perdió en un torneo a cinco partidas ante Deep Blue [Azul Profundo], de IBM, y la última vez que un humano venció al ordenador más poderoso del planeta fue en 2005. Los mejores ordenadores están ahora a tanta distancia de la calificación jamás alcanzada por un humano, que cabe afirmar con seguridad que nadie volverá a derrotar jamás a los mejores ordenadores jugadores de ajedrez. En el momento de escribir estas páginas, la calificación más alta (basada principalmente en las victorias y derrotas en los torneos contra otros buenos jugadores) alcanzada por una forma de vida basada en el carbono, es 2.882, en mayo de 2014, por el actual campeón humano, el noruego Magnus Carlsen. Esta calificación es superada en la actualidad al menos por cincuenta de los mejores programas informáticos, incluido Stockfish, que tiene la calificación más alta de 3.394, jamás alcanzada por humanos ni máquinas.

No obstante, pese a todas las proezas de los sistemas actuales de ajedrez de alta velocidad, persiste la pregunta de si el ajedrez tiene solución. Dicho en otros términos, ¿puede conocerse el resultado incluso antes de comenzar la partida? Existen muchos juegos más simples en los que la respuesta a esta pregunta es afirmativa. Uno de los más simples y mejor conocidos es las tres en raya, o ceros y cruces. Resulta bastante fácil analizar las tres en raya, porque la partida tiene que terminar a lo sumo en nueve turnos, y en buena parte de las ocasiones un jugador se ve obligado a usar una casilla determinada para impedir la victoria de su rival. Todas las partidas entre jugadores que hayan descubierto la estrategia terminarán siempre en un empate. El hecho de que las tres en raya impliquen solo una cuadrícula de 3 × 3 facilita su resolución. Pero los juegos no necesitan un tablero grande para ser complejos. Muchas personas han jugado en alguna ocasión a puntos y cuadrados, en el que se empieza con una cuadrícula de puntos y cada jugador dibuja por turnos una línea entre dos puntos cualesquiera. La persona que completa el cuarto lado de un cuadrado gana el cuadrado, escribe su inicial en él, y a continuación conecta otro par de puntos como parte del mismo turno. Si con ello completa un segundo cuadrado, une otro par de puntos y así sucesivamente. El tablero más pequeño en el que el juego resulta interesante es de 3 × 3. Aunque este es el mismo tamaño del tablero de las tres en raya, la estrategia implicada es ya mucho mayor. Sabemos que en una partida de puntos y cuadrados de 3 × 3, el segundo jugador puede forzar una victoria, pero la mayoría de la gente desconoce la estrategia ganadora, que resulta ser sorprendentemente compleja. La mayoría de nosotros jugamos esencialmente al azar, tratando de no regalar ningún cuadrado, consiguiendo todos los cuadrados posibles antes que entregar al rival el menor número posible de cuadrados. Para los tableros que son mucho mayores de 3 × 3, los teóricos no tienen la menor idea de quién ganará al empezar. También pueden encontrar posiciones, que aparecen frecuentemente en el juego de alto nivel, en las que está garantizado que todo movimiento de un jugador le hará perder la partida, pero después de esa jugada no se sabe *cómo* puede ganar el otro jugador, aunque se sabe que puede hacerlo. Este es un ejemplo de lo que se denomina *demostración no constructiva*, esto es, una prueba que muestra que algo (como puede ser una estrategia ganadora) existe, sin dar ninguna pista de cómo alcanzar ese fin. Esta clase de demostración puede antojarse contraintuitiva. Después de todo, ¿cómo podemos estar seguros de la existencia de algo sin ser capaces de poner un ejemplo? No obstante, aparecen con frecuencia en juegos de esta índole. En conclusión, puede resultar simple demostrar que un determinado jugador puede ganar, pero ser completamente imposible saber con detalle cómo lograr exactamente esta victoria.

Al igual que en las tres en raya, en los puntos y los cuadrados todos los movimientos se hallan disponibles al empezar la partida, y el número de posibilidades siempre disminuye conforme avanza el juego. El ajedrez es un juego mucho más complejo que los puntos y los cuadrados, que ya posee a su vez un potencial enorme para el juego de alto nivel y de grandes maestros. En el ajedrez, en cada turno están disponibles muchos más movimientos, el número de jugadas posibles se expande rápidamente y las partidas pueden prolongarse mucho más. En lo que atañe al conocimiento de quién va a ganar, lo mejor que podemos hacer por ahora es resolver este problema en el caso de ciertos finales de partida en los que queda sobre el tablero un número reducido de piezas. Resolver el ajedrez en su totalidad (descubrir una estrategia óptima mediante la cual uno de los jugadores siempre puede forzar una victoria o ambos puedan forzar un empate) parece una quimera. Dicho esto, los ordenadores han hecho progresos espectaculares a la hora de ser capaces de considerar muchos movimientos con antelación y seleccionar secuencias poderosas de movimientos entre los miles de millones disponibles.

Quizá resulte todavía más sorprendente el rápido progreso que han realizado los ordenadores en otro juego antiguo e incluso más complejo en términos estratégicos: el *go*. Jugado principalmente en China, Japón y Corea del Sur, sobre un tablero de 19 × 19, sus raíces se remontan dos mil quinientos años atrás, y se trata del juego de mesa más antiguo que todavía se disfruta en la actualidad. En la Antigüedad era una de las cuatro artes de los eruditos chinos, junto con la pintura, la caligrafía y el *chin*, un instrumento de cuerda. Los rivales en el *go*, negras y blancas, se turnan, pero a diferencia del ajedrez, empiezan las negras. Cada jugador coloca por turnos una piedra de su color sobre el tablero y puede capturar grupos de piedras contrarias y eliminarlas si consigue rodearlas (su nombre, *go*, procede del término chino para «juego de rodear») con sus propias piedras. Además de estas reglas básicas hay muchas otras, pero más que nada la táctica y la estrategia implicadas en el *go* son endiabladamente intrincadas. La táctica se refiere a lo que está sucediendo en una parte concreta del tablero en la que los grupos de piedras compiten por la vida, la muerte, el rescate y la captura, mientras que la estrategia abarca la situación global del juego. Comparado con el ajedrez, el *go* implica un tablero más grande, muchas más alternativas que considerar en cada jugada y generalmente partidas más largas. Los métodos de fuerza bruta que confieren ventaja a los ordenadores de ajedrez requerirían demasiado tiempo para ser aplicados al *go*. Se revelarían sistemáticamente inútiles contra un gran maestro, capaz de decidir entre las numerosas opciones de movimientos disponibles utilizando destrezas de nivel superior, tales como el reconocimiento de patrones, forjadas a partir de una larga experiencia y en las que el cerebro humano es particularmente hábil. El reconocimiento de ciertos tipos de patrones, que pueden parecer superficialmente muy diferentes en distintas situaciones, supone un reto mucho más arduo para los ordenadores que el mero cálculo a la velocidad del rayo. De hecho, una vez que los ordenadores empezaron a vencer a los mejores ajedrecistas humanos, los expertos en *go* siguieron confiando en que costaría muchísimo tiempo que los ordenadores alcanzaran incluso un modesto nivel aficionado en su propio juego.

Entonces, en 2016, el programa de Google AlphaGo derrotó a uno de los mejores jugadores de *go* del mundo, Lee Sedol, por cuatro partidas a una. Sin basarse tanto en los métodos de fuerza bruta consistentes en analizar con antelación muchas situaciones del juego, AlphaGo se diseñó para jugar de una manera más parecida a la humana. Se basa en una red neuronal que simula la forma en que un cerebro orgánico aborda los problemas. Partiendo de una gigantesca base de datos de partidas de expertos, se le hizo jugar un número enorme de partidas contra sí mismo, con el objetivo de que acabase aprendiendo a reconocer patrones ganadores. Emplea el ingenioso enfoque heurístico de un jugador humano, combinado con la velocidad de los circuitos de silicio para lograr lo que nunca antes se había creído posible: convertirse en una superestrella del *go* de talla mundial. En 2017, AlphaGo avanzó otro paso, pues ganó tres partidas de tres contra el jugador humano mejor clasificado, el chino Ke Jie.

Parece haber pocas dudas de que, más pronto que tarde, los ordenadores que jueguen al *go* serán invencibles por sus creadores de carne y hueso, como lo son en la actualidad los ordenadores de ajedrez. Pero persiste la pregunta: ¿son resolubles en última instancia los juegos como el ajedrez y el *go*? En el ajedrez, dado que las blancas siempre van por delante, las negras solo pueden reaccionar a las amenazas que les plantean las blancas. Así pues, si se resolviera alguna vez el ajedrez, es decir, si se descubriera la

Una partida de *go*.

mejor secuencia de movimientos que podían jugar las blancas en respuesta a cualquier cosa que hiciera el rival, es casi seguro que los únicos resultados posibles serían una victoria para las blancas o un empate. Con el *go* la cosa no está tan clara, porque, a diferencia del ajedrez, empiezan las negras y las blancas reciben un número de puntos (6,5 según las reglas japonesas y 7,5 según las reglas chinas) como compensación. Puede que esto baste para que ganen las blancas, o quizá la ventaja de la primera jugada para las negras sea tan grande que estas sigan ganando. Nadie lo sabe y tal vez nunca lleguemos a saberlo.

Una forma segura de resolver el ajedrez consistiría en dibujar un árbol para todas las posiciones posibles y luego, partiendo de cualquier posición, evaluar todas las ramas examinando dónde terminan y eligiendo aquella que conduce al resultado óptimo. Esto está bien en teoría. Pero, dado que existen aproximadamente 1.200 billones de billones de billones de billones de billones de billones de billones de billones de partidas de ajedrez posibles, el árbol resultante sería colosal. La construcción de un ordenador que contenga tantos datos supondría todo un reto, dado que probablemente existan menos de 10^{80} átomos en la totalidad del universo visible, que es un número cuarenta potencias de diez más pequeño. En la práctica, muchas de las ramas podrían podarse en una fase temprana, ya que muchas de las posiciones posibles son ridículas y nunca surgirían en una partida real, ni siquiera entre principiantes. Pero una vez efectuada toda la poda inteligente, el árbol de jugadas realistas posibles continuaría siendo extraordinariamente sobrecogedor. Esto se acentuaría más aún en el caso del *go*. Esta complejidad masiva ha llevado a algunos a concluir que, aunque las matemáticas no obstaculizan la resolución de tales juegos, sí que lo hacen las cuestiones prácticas. Cuando no existen suficientes partículas subatómicas para almacenar el árbol de jugadas, incluso tras una poda exhaustiva, ¿cómo puede hallarse una solución? Tal vez la inteligencia artificial avanzada acuda al rescate, posibilitando una poda mucho más masiva, de suerte que el tamaño del árbol llegue a ser manejable. Los ordenadores cuánticos, capaces de explorar simultáneamente números inmensos de ramas, podrían ser otra opción, aunque a diferencia del algoritmo de Shor para la factorización de los grandes números, en la actualidad no disponemos de un algoritmo para resolver este tipo de problemas, ni siquiera para saber si uno de ellos existe. Hay quien confía en que pueda surgir una solución en el futuro, por el hecho de que el juego de las damas se resolvió en 2007, después de que centenares de ordenadores, trabajando durante un periodo de casi veinte años, explorasen todas las combinaciones de jugadas posibles. Se llegó a la conclusión de que una partida de damas siempre terminará en un empate si ningún jugador comete un error. Está por ver si, con los avances en tecnología y programación, sucederá otro tanto con el ajedrez, y quizá también con el *go*.

Lo que sabemos es que los juegos como el ajedrez y el *go*, y otros más simples como las tres en raya y los puntos y los cuadrados, son «juegos de información perfecta». Esto significa que, antes de hacer un movimiento, el jugador dispone de toda la información que necesita para determinar qué movimientos son buenos o malos. No hay nada oculto a la vista ni incierto. Esto significa que, en principio, dada una cantidad ilimitada de memoria y de tiempo, podrían resolverse. Pero hay otros juegos, como el póquer, que carecen de la información perfecta. Al decidir lo que hacer a continuación, el jugador de póquer no sabe qué cartas tienen los demás, aun cuando este sea un factor crucial a la hora de decidir quién gana. En un torneo de póquer en el que participen un principiante y un experto, el principiante puede tener suerte, sacar una escalera real y ganar una mano. Sin embargo, por término medio, el conocimiento superior del experto de cuándo apostar o pasar le llevará a ganar con más frecuencia y a ganar más dinero que el principiante en el transcurso de un gran número de manos.

Antes de estar en condiciones de afirmar que se ha resuelto un juego como el póquer, necesitaríamos aclarar el auténtico significado de *resolver* cuando se trata de juegos sin información perfecta. Ningún ordenador podría garantizar una tasa de victorias del 100 % en el póquer —sin hacer trampa—, pues siempre existiría la posibilidad de que un humano sacase una escalera real. Lo que podría considerarse la resolución del póquer sería que un ordenador jugase siguiendo una estrategia que condujese, por término medio, al máximo número de victorias.

El póquer se complica todavía más por la posibilidad de marcarse un farol, y por el hecho de que, en la mayoría de los torneos, participa un número considerablemente mayor de dos jugadores. En una situación con múltiples humanos y un ordenador, resulta posible —quizá incluso probable— que los jugadores humanos se alíen de tal forma que pongan en desventaja al ordenador. Si lo hicieran, cada persona podría ganar menos que si jugara de manera enteramente egoísta, pero los humanos en conjunto ganarían más.

No obstante, se ha desarrollado un programa imbatible durante largos periodos de juego, en un tipo de póquer llamado *heads-up limit Texas Hold'Em* (un juego de dos jugadores). El nuevo *software*, anunciado en 2014, marca la primera vez que se ha encontrado un algoritmo que resuelve con efectividad un juego complejo en el que al jugador se le oculta información. Esta información oculta, junto con la suerte, asegura que el programa no pueda ganar todas las manos. Pero por término medio, y transcurridas muchas manos, no existe prácticamente ninguna posibilidad de que un humano pueda vencerlo (del mismo modo que, por ejemplo, un humano prácticamente nunca podría ganar al motor de ajedrez Stockfish), por lo que efectivamente se ha resuelto esta versión. No solo puede contribuir el programa a que los jugadores humanos mejoren su juego, sino que también se ha sugerido que la estrategia que adopta dicho programa podría revelarse útil en aplicaciones de asistencia sanitaria y de seguridad.

A la luz del ejemplo del póquer, podría parecer que todos los juegos con información imperfecta implican algún tipo de posibilidad de azar que escapa al control de los jugadores. Pero no es así. En el conocido juego de piedra, papel o tijera, lo único que importa es lo que juega cada persona: no interviene ningún azar que escape al control de los jugadores. Sin embargo, a pesar de esto, el juego tiene una información imperfecta. La manera habitual de jugar a este juego, en la que dos personas hacen gestos con las manos simultáneamente, no diferiría en efecto si los jugadores estuvieran en habitaciones separadas y anotaran sus decisiones respectivas, sin conocer la decisión del otro jugador.

Ahora bien, en un juego con información perfecta, siempre existe alguna estrategia «pura», es decir, alguna jugada o serie de jugadas que produce el resultado más favorable. Por ejemplo, en el ajedrez siempre hay un movimiento mejor (o con frecuencia múltiples jugadas ganadoras), que, si se juega sistemáticamente en la misma situación, es la opción óptima. En el caso de piedra, papel o tijera sucede justo lo contrario. La adopción de una estrategia pura jugando piedra todas las veces, pongamos por caso, o un patrón regular de piedra, papel y tijera, sería fácil de vencer. En lugar de ello, la estrategia preferible es lo que se conoce como estrategia mixta, lo cual significa que en cualquier posición se llevan a cabo diferentes acciones con diferentes probabilidades. Resolver un juego como piedra, papel o tijera, o el póquer de dos jugadores, consiste en hallar una estrategia mixta óptima que garantice la probabilidad más alta de ganar. La estrategia de «jugar siempre piedra» tendría una probabilidad de ganar del 100 %, si el adversario fuera tan tonto como para sacar siempre tijera. Por otra parte, dado el caso más probable de que el adversario respondiera rápidamente sacando siempre papel, la probabilidad de victoria de «jugar siempre piedra» caería al 0 %. No es de extrañar que el juego de piedra, papel o tijera se haya resuelto y que la solución resulte bastante trivial. La estrategia óptima consiste en jugar piedra ⅓ de las veces, papel ⅓ de las veces y tijera ⅓ de las veces. Contando un empate como media victoria, esto da al jugador un índice mínimo de victorias del 50 %, que es la mejor de todas las estrategias posibles. Aunque existe un cierto margen para el juego de alto nivel, este se basa más en la psicología que en la teoría de juegos, pues explota el hecho de que a los humanos se nos suele dar mal ser verdaderamente aleatorios, como vimos en el capítulo 3. En general, en los juegos sin información perfecta, la estrategia óptima siempre es la mixta.

Asimismo, en estos juegos existe un concepto conocido como *equilibrio de Nash*, cuyo nombre se debe al matemático y economista John Nash, que realizó contribuciones importantes a la teoría de juegos y fue el protagonista de la novela (y posterior película) *A Beautiful Mind (Una mente maravillosa)*.* En un equilibrio de Nash fuerte, todos los jugadores tienen una estrategia, y, si se desvían de ella de alguna forma (suponiendo que nadie más lo haga simultáneamente), saldrán peor parados que antes. Existe otro concepto, el equilibrio de Nash débil, en el que un jugador puede desviarse de la estrategia y no salir ni peor ni mejor parado que antes, pero es imposible desviarse de la estrategia y terminar mejor que al principio. El equilibrio de Nash desempeña un papel crucial en la teoría de juegos.

En un juego con información perfecta, el equilibrio de Nash se produce si ambas partes siguen la estrategia óptima. Este puede ser fuerte o débil, dependiendo de si hay o no múltiples estrategias óptimas. En un juego con información imperfecta, esto también es cierto. Ahora bien, es perfectamente posible que existan múltiples equilibrios de Nash. Para determinar si los hemos encontrado todos, precisamos otro concepto, conocido como *juego de suma cero* o *juego de suma constante*.

En un juego de suma cero, las ganancias de una persona equivalen exactamente a las pérdidas de la otra. Más general es el juego de suma constante, en el que las ganancias totales logradas por los jugadores nunca cambian. Un ejemplo de ello es el ajedrez.

* Ron Howard, 2002.

Los jugadores pueden quedar en tablas, ganando medio punto cada uno, o puede ganar uno, de modo que el ganador consigue un punto y el perdedor ninguno. En cambio, un juego como el fútbol no es un juego de suma constante, pues si los equipos empatan, cada uno gana un punto, pero si un equipo gana, consigue tres puntos y el perdedor ninguno. La suma de puntos puede ser 2 o 3. Todos los juegos de suma constante pueden convertirse en juegos de suma cero sumando o restando puntos. Por ejemplo, si se dedujera medio punto de cada jugador de una partida de ajedrez, el juego sería de suma cero. Por esta razón, los resultados aplicables a los juegos de suma cero generalmente son también aplicables a los juegos de suma constante.

En cualquier juego de suma cero o de suma constante, los únicos equilibrios de Nash se producen cuando ambos jugadores emplean una estrategia óptima. Sin embargo, este resultado no es aplicable a los juegos que no son de suma constante, que pueden tener otros muchos equilibrios de Nash. En los juegos que no son de suma constante, se vuelve relevante otro asunto, a saber: la *eficiencia de Pareto*. Cualquier conjunto de estrategias es eficiente en el sentido de Pareto si resulta imposible modificar todas las estrategias para hacer que alguien salga mejor parado sin que alguien salga perdiendo. En un juego de suma cero, cualquier conjunto de estrategias es eficiente en el sentido de Pareto. Pero en general esto no sucede. Incluso el equilibrio de Nash puede no ser eficiente en el sentido de Pareto, como pone de manifiesto un acertijo conocido como *dilema del prisionero.*

Dos prisioneros han sido condenados por separado por un delito que comporta una condena de un año. Además, sin embargo, las declaraciones de algunos testigos han vinculado a la pareja por haber participado conjuntamente en un delito más grave que conlleva una condena de seis años. A los prisioneros se les ofrece una elección. Ambos pueden guardar silencio o delatar privadamente a su compañero. A ninguno se le informará de lo que el otro ha hecho hasta que reciban su sentencia. Si ambos se delatan mutuamente, ambos serán condenados a cuatro años de cárcel en total (tres años cada uno por el delito mayor y un año cada uno por el delito menor). Si solo uno delata al otro, el delator queda en libertad y el otro prisionero recibe una condena de siete años por ambos delitos. Si ambos guardan silencio, ambos pueden ser condenados solo por el delito menor y ambos cumplirán un año de condena. Sorprendentemente, resulta que, haga lo que haga la otra persona, traicionarla es siempre preferible a guardar silencio. El único equilibrio de Nash se produce, por tanto, cuando ambos prisioneros se delatan mutuamente y ambos son condenados a cuatro años. Ahora bien, esto no resulta eficiente en el sentido de Pareto, pues es mejor para ambos guardar silencio y cumplir solo un año de condena. El dilema del prisionero puede repetirse cualquier número de veces, con estrategias que dependen de lo que suceda en el pasado: un problema conocido como *dilema del prisionero iterado* puede llegar a ser, de hecho, sumamente complicado. Las mejores estrategias para la versión iterada tienden a ser aquellas que implican generalmente guardar silencio, siempre que el otro jugador haga lo mismo, pero castigan a los jugadores por delatarlos delatándolos también. Estas estrategias cosechan los beneficios del resultado eficiente en el sentido de Pareto uno contra el otro, al tiempo que tratan de evitar el peor resultado optando por el equilibrio de Nash, si está claro que la otra estrategia es la traición.

La mayoría de las personas prefieren que los juegos en los que participan concluyan en un tiempo razonable, digamos que una o dos horas, antes de que lleguen la fatiga, el hambre o el aburrimiento. La Federación Internacional de Ajedrez pone un límite temporal, para todos sus eventos importantes, de 90 minutos para las 40 primeras jugadas, y 30 minutos para el resto de la partida. Sin embargo, la partida más larga de la que se tiene constancia, entre Ivan Nikolic y Goran Arsovic en Belgrado, en 1989, duró más de veinte horas y terminó en tablas tras 269 jugadas debido a la *regla de los 50 movimientos*. Esta regla establece que «la partida puede concluir en tablas si cada jugador ha realizado al menos los últimos 50 movimientos consecutivos sin ningún movimiento de peón y sin ninguna captura de pieza». Las tablas también pueden ser reclamadas, de nuevo por el jugador a quien le corresponde mover pieza, si la misma posición ha ocurrido tres veces. Suponiendo que esta petición se haga bajo la regla de los 50 movimientos, una partida puede prolongarse a lo sumo algo menos de 6.000 movimientos.

Mucho más largos, potencialmente miles de millones de veces más largos que el tiempo que brillará el Sol, son los juegos que podrían jugarse en un tablero de ajedrez que se extendiera ilimitadamente en todas las direcciones. El denominado *ajedrez infinito* tiene las mismas reglas y el mismo número de piezas que la versión finita común y corriente, pero utiliza un tablero que no tiene fin o bordes. Jugar a él podría implicar algunos movimientos espectaculares: una torre podría salir disparada un billón de lugares en una dirección, un alfil podría lanzarse desde la distancia equivalente al espacio intergaláctico para capturar un peón en el siguiente. Este no es un juego socialmente aceptable para seres limitados como nosotros. No obstante, mediante el poder de las matemáticas, podemos saber algo sobre él, aunque nunca podamos practicarlo. Y, lo que es más importante, podemos estar seguros de un hecho muy importante sobre el ajedrez infinito: al igual que en su primo finito, existe una estrategia que, si se adoptase, garantizaría una victoria para uno de los jugadores. ¿Cuál es esa estrategia? A menos que dispusiéramos de un ordenador con velocidad y capacidad de memoria infinitas, no hay manera de saberlo. Pero el hecho de que todas las formas de ajedrez y otros juegos de información perfecta —finitos o infinitos— puedan resolverse en teoría, ofrece cuando menos un cierto grado de satisfacción.

En los días pioneros de la inteligencia artificial, en la década de 1960, matemáticos e informáticos tales como Claude Shannon utilizaban el ajedrez como una aplicación para poner a prueba formas de hacer que los ordenadores pensasen más a la manera humana.

Hoy en día, los juegos complejos de estrategia siguen usándose con este propósito. Por supuesto, en sí mismos los juegos no tienen mucha importancia, salvo para quienes se ganan la vida con ellos. Pero las formas en que se construye o se enseña a las máquinas, o se aprende de ellas, para convertirse en jugadores más fuertes, pueden transferirse a otras tareas que sí son relevantes. Más aún, el esfuerzo por resolver el ajedrez y otros juegos complejos similares arroja algo de luz sobre los límites de lo que podemos aspirar a conocer.

CAPÍTULO 9

Lo que es y lo que jamás debería ser

Es maravilloso que nos hayamos tropezado con una paradoja. Ahora tenemos alguna esperanza de progresar.

NIELS BOHR

Les ruego que acepten mi dimisión. Nunca pertenecería a un club que aceptara como socio a alguien como yo.

GROUCHO MARX

La palabra *paradoja* viene del griego *para* («más allá») y *doxa* («opinión», «creencia»). Así pues, literalmente significa cualquier cosa que es difícil de creer o va en contra de nuestra intuición o de nuestro sentido común. En la conversación cotidiana, diremos a menudo que algo es paradójico solamente porque parece casi increíble. Por ejemplo, el hecho, mencionado en el capítulo 3, de que en una sala con 23 personas haya una probabilidad de 50-50 de que dos personas cumplan años el mismo día se denomina, a veces, *paradoja del cumpleaños*, aun cuando es un dato estadístico fácilmente demostrable y solo resulta sorprendente porque choca con nuestras expectativas. En la matemática y la lógica académicas, la palabra posee un significado más estrecho y más preciso: se refiere a un enunciado o una situación que da lugar a una autocontradicción. Una de estas paradojas, como veremos, condujo a un avance importante en un área fundamental de las matemáticas. Otras, relacionadas con la naturaleza del yo, el libre albedrío y el tiempo, han inaugurado discusiones fructíferas en filosofía y en ciencia.

El sacerdote y filósofo francés del siglo xiv Jean Buridan desempeñó un papel relevante en el aliento de la revolución copernicana (la idea de que el Sol ocupa el centro del sistema solar) en Europa. Pero su nombre es más conocido por su asociación con una paradoja de la lógica medieval. Buridan imaginó un asno que está exactamente a medio camino entre dos montones de heno que son iguales en todos los sentidos: tamaño, calidad y aspecto. El asno tiene hambre, pero también es incesantemente racional, por lo que no tiene ningún motivo para preferir un montón al otro. Ante este conflicto, se limita a permanecer en su lugar, al carecer de fundamento para tomar una decisión, hasta morir de hambre. Con un montón de heno habría vivido, pero con dos montones idénticos muere. ¿Qué sentido puede tener esto desde una perspectiva puramente racional?

El asno de Buridan está en un aprieto similar al de una bola perfectamente redonda equilibrada en la cima de una colina redondeada y empinada. Mientras no actúa sobre ella ninguna fuerza desequilibrada, no hay nada que la haga rodar ladera abajo. Su estado es inestable, toda vez que el más leve empujón la pondrá en movimiento. Pero, sin empujón de ninguna clase, permanecerá para siempre en su sitio. Al igual que muchos experimentos mentales, el del asno de Buridan se basa en una serie de suposiciones que nunca se cumplen plenamente en la práctica. En primer lugar, asume una simetría completa: que la decisión de elegir un montón u otro de heno implica una serie idéntica de estados y de pasos. No obstante, esto jamás sucedería en la realidad. El asno podría preferir habitualmente su lado derecho sobre el izquierdo o quizá, por un efecto óptico, tener la impresión de que un montón parece ligeramente más apetitoso que el otro. Cualquiera de una docena de razones diferentes podría inclinar la balanza a favor de uno de los montones de comida. En un ejemplo práctico de electrónica digital, una puerta lógica puede permanecer indefinidamente a medio camino entre los valores 0 y 1 (análogos a las balas de heno), hasta que cualquier ruido aleatorio en el circuito le hace pasar a uno de los estados estables. El asno de Buridan se ha utilizado en las discusiones sobre el libre albedrío, pues se aduce que una criatura dotada de libre albedrío, por muy racional que sea, nunca elegiría no comer simplemente por no existir ninguna razón para preferir una fuente de comida a otra.

Otra paradoja que concierne al problema del libre albedrío fue ideada tan recientemente como en la década de 1960 por William Newcomb, un físico teórico del Laboratorio Lawrence Livermore y bisnieto del hermano del famoso astrónomo del siglo XIX Simon Newcomb. En la *paradoja de Newcomb*, un ser superior, con poderes predictivos que jamás han fallado hasta la fecha, ha metido mil dólares en una caja etiquetada como A, y o bien nada o bien un millón de dólares en una caja etiquetada como B. El ser en cuestión te ofrece una elección: 1) abrir la caja B solamente, o 2) abrir tanto la caja A como la B. Pero aquí está la trampa: el ser ha metido dinero en la caja B solo si ha predicho que elegirás la opción 1). No ha puesto nada en la caja B si ha predicho que harás cualquier cosa distinta a escoger esa opción. La pregunta es: ¿qué deberías hacer para maximizar tus ganancias? De hecho, no existe ningún consenso conocido sobre lo que hacer, ni siquiera sobre si el problema está bien definido. Cabría argüir que, como tu elección actual no puede alterar los contenidos de las cajas, puedes abrir tranquilamente ambas y obtener lo que contengan. Esto parece razonable hasta que recordamos que nunca se ha visto que el ser en cuestión se equivoque en sus predicciones. En otras palabras, en cierto sentido, tu estado mental está correlacionado con los contenidos de la caja: tu elección está ligada a la probabilidad de que haya dinero en la caja B. Estos argumentos y otros muchos se han propuesto en favor de cualquiera de las opciones. Pero no existe ninguna respuesta generalmente aceptada como «correcta», pese a los esfuerzos concertados de filósofos y matemáticos durante más de medio siglo.

A Newcomb se le ocurrió su paradoja mientras pensaba en otra algo más vieja, conocida como el *ahorcamiento sorpresa*, que parece haber comenzado a circular de boca en boca allá por la década de 1940. Se refiere a un hombre que ha sido condenado a la horca. Un juez, con fama de ser fiable, comunica al prisionero el sábado que será ahorcado uno de los siete días siguientes, pero que no sabrá (ni será capaz de saber en modo alguno) qué día hasta que le informen la mañana de la ejecución. De regreso a su celda, el preso reflexiona durante algún tiempo sobre su apurada situación y razona que el juez ha cometido un error. El ahorcamiento no puede dejarse hasta el sábado siguiente, porque el preso sabría ciertamente, si amaneciera ese día, que era el último para él. Pero si se elimina el sábado, el ahorcamiento no puede tener lugar tampoco el viernes, porque si el prisionero sobreviviera al jueves, sabría que el ahorcamiento estaba programado para el día siguiente. Siguiendo el mismo argumento, puede tacharse el jueves, luego el miércoles y así sucesivamente, hasta llegar el domingo. Pero una vez descartados todos los demás días para un posible ahorcamiento sorpresa, el verdugo no puede presentarse el domingo sin que el prisionero lo sepa de antemano. Por consiguiente, razona el condenado, la sentencia no puede ser ejecutada tal como decretó el juez. Pero entonces llega el miércoles por la mañana y, con él, el verdugo... ¡inesperadamente! Después de todo, el juez tenía razón y algo había fallado en la lógica aparentemente impecable del prisionero. Pero ¿de qué se trataba?

Más de medio siglo de ataques por parte de las legiones de lógicos y matemáticos no ha logrado aportar una resolución universalmente aceptada. La paradoja parece surgir del hecho de que, mientras que el juez sabe más allá de toda duda que sus palabras son ciertas (el ahorcamiento sucederá un día desconocido de antemano por el prisionero), el prisionero no tiene este mismo grado de certeza. Incluso si el prisionero está vivo el sábado por la mañana, ¿puede estar seguro de que no se presentará el verdugo?

A veces nuestro uso del lenguaje, y especialmente la falta de precisión cuando hacemos declaraciones o preguntas, puede conducir a problemas desconcertantes. La *paradoja de Berry* recibe su nombre de George Berry, un empleado a tiempo parcial de la Biblioteca Bodleiana de la Universidad de Oxford, que, en 1906, dirigió su atención a los enunciados de la forma: «El menor número inexpresable con menos de diez palabras». A primera vista, esta oración no parece particularmente misteriosa. Después de todo, existe solo un número finito de oraciones de menos de diez palabras, y menos todavía que especifiquen números únicos; por tanto, existe claramente un número finito de números definibles en menos de diez palabras y, por ende, un número más pequeño *N* no definible. ¡El problema es que la propia oración de Berry es una especificación de ese número en tan solo nueve palabras! En este caso, el número *N* sería expresable entonces en nueve palabras, contradiciendo su definición de ser el mínimo número inexpresable en menos de diez palabras. Podríamos probar a escoger un número diferente como *N*, pero persistirá la paradoja. Lo que demuestra la paradoja de Berry es que el concepto de expresable o definible es inherentemente ambiguo, y que resulta peligroso usarlo sin reservas.

Un tipo diferente de paradoja concierne al concepto de *identidad*. Generalmente, damos por sentada la identidad; por ejemplo, parece evidente que la persona conocida como Agnijo hace una hora sigue siendo la misma persona ahora. Sin embargo, las paradojas pueden poner en tela de juicio nuestras ideas intuitivas acerca de la identidad. Una de estas paradojas implica un experimento mental conocido como el *barco de Teseo*. El legendario rey Teseo, célebre por su asociación con la historia del minotauro, libró muchas batallas navales exitosas de suerte que, según se dice, los atenienses le rendían homenaje preservando su barco en el puerto. Con el transcurso del tiempo, sin embargo, los tablones y otras partes del navío de madera se pudrían y tenían que ser reemplazados uno a uno. La pregunta es: ¿en qué momento, en su caso, el barco deja de ser el barco de Teseo y se convierte en su lugar en una réplica o en una entidad diferente por derecho propio? ¿Después de reemplazar un tablón, o la mitad de toda la madera, o alguna otra cantidad? ¿Depende la respuesta de la velocidad de la sustitución? Si los viejos tablones volvieran a armarse para formar otro barco, ¿cuál sería el auténtico barco de Teseo? En la época moderna, la misma clase de acertijo se ha dado en llamar *principio de las Sugababes*. El grupo inglés Sugababes fue formado en 1998 por Siobhán Donaghy, Mutya Buena y Keisha Buchanan. Otras componentes se fueron uniendo y marchando progresivamente hasta que en 2009 las integrantes eran Heidi Range, Amelle Berrabah y Jade Ewen; las tres componentes originales se habían marchado. En 2011, Donaghy, Buena y Buchanan formaron un nuevo grupo. ¿Cuál de ambos tiene más derecho a ser el «verdadero» grupo Sugababes?

Estas preguntas pueden parecer poco relevantes en el caso de un objeto inanimado, aunque los arqueólogos y los conservacionistas puedan debatir hasta qué punto los edificios y artefactos antiguos que han sido reparados y reconstruidos pueden considerarse originales o continuaciones legítimas del original. Pero los experimentos mentales en la línea del barco de Teseo adoptan una nueva dimensión cuando nos los aplicamos a nosotros mismos y, en particular, al sujeto de la identidad personal. Se aproxima velozmente el tiempo en el que será posible reemplazar casi todas las partes del cuerpo con un trasplante de órganos (donados o desarrollados en el laboratorio) o una prótesis. Si una buena parte de nuestro cuerpo es sustituida por varios medios, a lo largo del tiempo, ¿seguimos siendo al final la misma persona? Podríamos tener tendencia a responder afirmativamente, salvo que la sustitución implicase porciones significativas del cerebro, ya que este suele considerarse clave para nuestra identidad.

Por supuesto, todo el mundo estaría de acuerdo en que si una persona pierde un brazo en un accidente y recibe en su lugar un brazo prostético, sigue siendo la misma en todos los aspectos relevantes. Asimismo, es cierto que los átomos, las moléculas y las células que constituyen nuestro cuerpo están cambiando en alguna medida a cada instante. En el tiempo que tardas en leer esta oración, unos 50 millones de tus células habrán muerto y habrán sido reemplazadas. Si se sustituyen por otras idénticas, y esto sucede a lo largo del tiempo, o si recibimos un trasplante o una prótesis, no sentimos ninguna amenaza para nuestra identidad. También reconocemos que las personas envejecen sin convertirse en alguien nuevo. Ahora bien, ¿qué sucedería si la sustitución se produjera de repente? ¿Y si cada partícula de tu cuerpo, hasta el plano atómico, fuera sustituida súbitamente por una copia idéntica?

El teletransporte, en el que las partículas (o, para ser más precisos, las propiedades de las partículas) se hacen desaparecer en un lugar y reaparecer instantáneamente a cierta distancia, ya es posible con los fotones. Probablemente, se tarde mucho tiempo en lograr el «teletransporte cuántico» con objetos más grandes. Pero supongamos que llega a ser posible el teletransporte humano. Subes a una plataforma, pongamos que en Londres, la posición y el estado de todos los átomos de tu cuerpo se escanean con todo detalle, y un momento después esta información se utiliza para reconstruir tu cuerpo a partir de un nuevo conjunto de átomos idénticos en Sídney. La reconstrucción es tan súbita y exacta que, aparte de un momento de leve desorientación, no adviertes que tu viejo cuerpo de Londres se ha disuelto, los átomos integrantes se han reciclado en el entorno y tu nuevo cuerpo se ha creado una fracción de segundo después a partir de átomos idénticos en estados idénticos al otro lado del planeta. Por lo que a ti respecta, acabas de recorrer más de 16.000 kilómetros en un abrir y cerrar de ojos, y puedes iniciar tu aventura australiana sin el *jet lag* acostumbrado y sin el cansancio que sigue a un viaje de un día en avión. Incluso estabas pensando exactamente lo mismo en el instante en que fuiste reconstruido que cuando tu viejo cuerpo se disolvió en Londres. Dos semanas más tarde, es hora de volver a casa y atraviesas el proceso inverso, en el que tus átomos se desensamblan en Sídney y se crea una copia exacta un microsegundo después en el Reino Unido. Bajas de la plataforma, bronceado y relajado, dispuesto a volver a casa. Pero en ese momento recibes una llamada en tu teléfono móvil de un técnico de Australia. Ha habido un problema en Sídney y el «viejo» tú no se ha disuelto. En lugar de ello, se está quejando al personal de allí de que no ha ocurrido nada, de que el teletransporte ha fallado y de que deberían repetir todo el proceso o bien ofrecerle un reembolso. Así que ahora, al parecer, existen dos «tú», idénticos en todos los aspectos, hasta el pensamiento y el recuerdo exactos en el momento en que tuvo lugar el teletransporte. ¿Cuál es el «tú» real? ¿Y cómo puedes estar en dos lugares a la vez? ¿Qué le sucede a tu conciencia en semejante situación? ¿Y qué *sentiría* una conciencia única al ser replicada de esta manera?

Las barreras tecnológicas para el teletransporte humano son inmensas y no existe ninguna certeza de que vayan a ser superadas jamás. Sin embargo, ya se está discutiendo la viabilidad de subir los contenidos de nuestra mente a un ordenador con el fin de lograr una especie de inmortalidad mental. El objetivo último no solo sería almacenar todos nuestros recuerdos, sino también recrear nuestra conciencia, nuestra experiencia activa del yo y del mundo que nos rodea, en un medio inorgánico. La cuestión de lo que significaría y cómo se experimentaría una reconstrucción semejante cobra entonces una importancia capital. Si pudiera hacerse una copia de tu conciencia, entonces también podrían crearse dos o más, tal vez copias de seguridad en caso de que la principal se perdiese o resultase dañada. Estas posibilidades suscitarán interesantes dilemas personales y éticos en las próximas décadas. Asimismo, forjarán un vínculo directo entre las matemáticas y la mente. La forma de llevar a cabo la carga y la tecnología del sistema de soporte informático requerido serán el producto de análisis matemáticos intensos y complejos, junto con los avances en ciencia e ingeniería. El resultado, si llega a producirse, será una nueva forma en la que la conciencia humana pueda existir y ser mantenida indefinidamente. Llegado ese momento, la expresión última de la universalidad objetiva, purgada de emociones y de opiniones —las matemáticas— se encontrará con la esencia de la subjetividad, el sentimiento de «en qué consiste ser».

El tiempo es otro gran misterio en torno al cual gira lo paradójico. La *paradoja de los gemelos* es un experimento mental en el que un gemelo (A) viaja por el espacio casi a la velocidad de la luz y regresa, después de un largo viaje interestelar, para descubrir que ha envejecido mucho menos que su gemelo (B) que permaneció en la Tierra. La ralentización o dilatación del tiempo para un objeto que se mueve a una velocidad muy alta es un efecto demostrado de la teoría de la relatividad especial de Einstein. El enigma planteado por la paradoja de los gemelos es por qué el gemelo B no envejece también a un ritmo más lento, pues cabría considerar que se mueve con la misma rapidez, en la dirección opuesta, si cambiamos a un marco de referencia en el que el gemelo A está en reposo. El hecho es, sin embargo, que los papeles desempeñados por A y por B, pese a las apariencias, no son simétricos. El gemelo A tuvo que *acelerar* para alcanzar una velocidad alta mientras que el gemelo B, en la Tierra, no experimentó aceleración alguna. Es esta salida del gemelo A del marco de referencia de la Tierra lo que le lleva a envejecer a un ritmo diferente al de su hermano, que se queda en casa.

Viajar muy deprisa es una forma demostrada de saltar al futuro, suponiendo que podamos desarrollar la tecnología para viajar a una velocidad superalta, aunque por desgracia es un viaje sin retorno. No conocemos ningún truco para regresar al pasado, excepto quizá mediante algo exótico (e inquietantemente impredecible), como saltar a un agujero de gusano: un hipotético túnel en el espacio y en el tiempo. Pero eso no ha frenado las especulaciones sobre lo que podría suceder si *pudiéramos* viajar hacia atrás a través del tiempo. Una dificultad que podría surgir es que acabáramos cambiando algo en el pasado que tornara problemática nuestra existencia futura. En *Back to the Future (Regreso al futuro)*,* Marty McFly es lanzado de regreso a 1955 en una máquina del tiempo DeLorean impulsada por plutonio, donde encuentra a su futura madre como una adolescente hormonal; Marty evita sabiamente las insinuaciones amorosas de esta. Podrías regresar al pasado y matar accidentalmente a tu abuelo cuando todavía era un niño. Eso implicaría que no podrías haber nacido ni, por tanto, llegar a ser un viajero, a través del tiempo, que volviese al pasado y provocase la muerte temprana de su abuelo. Esta *paradoja del abuelo* es un argumento clásico contra la posibilidad de regresar en el tiempo. Por otra parte, se ha sugerido que, si volviéramos al pasado, podríamos causar una división en la línea temporal de manera que, hiciéramos lo que hiciéramos en el pasado, como resultado de las hazañas de nuestra máquina del tiempo, solo sucedería a lo largo de una rama nueva, completamente separada de la original, esquivando así cualesquiera conflictos lógicos o bucles infinitos.

Estos conflictos y bucles no son tan fáciles de evitar en otros casos, sin embargo. Supongamos que estas tres oraciones están escritas en una tarjeta:

1. Esta oración contiene cinco palabras.
2. Esta oración contiene ocho palabras.
3. Exactamente una oración de esta tarjeta es verdadera.

¿Es la oración 3 verdadera o falsa? Obviamente la oración 1 es verdadera y la 2 es falsa. Si la 3 es también verdadera, entonces dos oraciones son verdaderas, lo que inmediatamente convierte la oración 3 en falsa. Pero si la 3 es falsa, entonces no es verdad que exactamente una oración de la tarjeta es verdadera. Ahora bien,

* Robert Zemeckis, 1985.

en ese caso el único enunciado verdadero es el 1, lo cual significa que el 3 ha de ser verdadero. Un enunciado no puede ser verdadero y falso al mismo tiempo. ¿Puede no ser ni lo uno ni lo otro?

Este pequeño acertijo es similar a otro atribuido al vidente, filósofo y poeta griego del siglo VI a. C. Epiménides, que supuestamente decía: «Todos los cretenses [habitantes de la isla de Creta] son mentirosos». Dado que el propio Epiménides era cretense, su enunciado implica que él también es un mentiroso, por lo que, a primera vista, lo que dice parece ser paradójico. Sin embargo, lo cierto es que no lo es, incluso si asumimos que todos los cretenses, o bien mienten siempre, o bien dicen siempre la verdad. Donde algunos cometen un error es porque saben que, si Epiménides es sincero, entonces todos los cretenses, incluido él mismo, son mentirosos (lo cual supone una contradicción), pero asumen que, si Epiménides está mintiendo, entonces todos los cretenses, incluido él mismo, son sinceros. Esto es falso, porque si Epiménides está mintiendo, esto implica únicamente que al menos un cretense es sincero, no necesariamente todos los cretenses.

No obstante, el enunciado de Epiménides puede convertirse fácilmente en una paradoja genuina. La denominada *paradoja del mentiroso*, atribuida a Eubúlides de Mileto, del siglo IV a. C., puede formularse sencillamente así: «Este enunciado es una mentira». Se sigue, pues, que si es verdadero, entonces es falso, y si es falso, entonces es verdadero.

A lo largo de los siglos han aparecido diferentes versiones de la paradoja básica del mentiroso de Eubúlides. Jean Buridan la utilizó en un argumento a favor de la existencia de Dios. Hace algo más de cien años, el matemático inglés Philip Jourdain ofreció una versión en la que dos enunciados están escritos en las caras opuestas de una misma tarjeta. En una cara aparece: «La oración de la otra cara de esta tarjeta es verdadera». En la otra cara figura un desconcertante enunciado contrario a este: «La oración de la otra cara de esta tarjeta es falsa».

Nadie ha propuesto una resolución fácil o única de la paradoja del mentiroso. Las reacciones habituales ante ella son desestimarla sin más como un inútil juego de palabras o decir que la oración u oraciones implicadas, aunque gramaticalmente correctas, están desprovistas de contenido real. Ambos son intentos de detener en seco la paradoja, pero no resisten el escrutinio. La primera sencillamente se niega a reconocer que existe un problema sustantivo. La segunda niega cualquier significado al enunciado o enunciados, aduciendo que conducen a una paradoja. A primera vista, la afirmación «Este enunciado es una mentira» es muy similar a la que declara «Este enunciado no está en francés». ¿Cómo puede carecer de sentido el primero si el segundo tiene perfecto sentido?

Aparte de ser interesantes temas de discusión, estos acertijos no parecen servir a ningún propósito real. Pero existe una paradoja, que desemboca en una autocontradicción, que ha ejercido una influencia capital en el desarrollo de una de las áreas más fundamentales de la matemática moderna. La mejor forma de comprender la paradoja en cuestión es la denominada *paradoja del barbero.* En esta, hay un barbero que dice afeitar a todos aquellos que no se afeitan a sí mismos. En consecuencia, se enfrenta a un dilema: ¿se afeita a sí mismo? Si lo hace, no es afeitado por el barbero, por lo que no se afeita a sí mismo. Si no lo hace, es afeitado por el barbero, por lo que sí que se afeita a sí mismo. Una versión más abstracta de esta paradoja apareció en una carta del filósofo y lógico inglés Bertrand Russell al filósofo y lógico alemán Gottlob Frege en 1902. Desde el punto de vista de Frege, el momento no podía haber sido más inoportuno. Frege estaba a punto de enviar al editor el segundo volumen de su monumental obra *Die Grundlagen der Arithmetik (Los fundamentos de la aritmética).** En su carta, Russell llamaba la atención sobre un peculiar objeto matemático: el conjunto de todos los conjuntos que no se contienen a sí mismos. Acto seguido preguntaba: ¿se contiene a sí

* *Los fundamentos de la aritmética: investigación lógico-matemática sobre el concepto de número*, Barcelona, Laia, 1973.

mismo este conjunto? Si se contiene a sí mismo, entonces no está contenido dentro del conjunto de todos los conjuntos que no se contienen a sí mismos, lo cual significa que no se contiene a sí mismo. Si no se contiene a sí mismo, entonces sí que está contenido dentro del conjunto de todos los conjuntos que no se contienen a sí mismos, lo cual significa que sí que se contiene a sí mismo. Frege se percató con horror de que semejante monstruosidad no podía acomodarse en el seno de la teoría de conjuntos que él había dedicado muchos años a formular y que ahora, al parecer, quedaba destrozada y desacreditada incluso antes de haber salido a la luz.

La *paradoja de Russell*, como llegaría a conocerse, expuso una inconsistencia fatal de la «ingenua» teoría de conjuntos que Frege había desarrollado. En este contexto, el calificativo de *ingenua* se refiere a las formas tempranas de la teoría de conjuntos que no se basan en axiomas y que asumen que existe tal cosa como un «conjunto universal», es decir, un conjunto que contiene todos los objetos del universo matemático. Al leer la carta de Russell, Frege captó de inmediato su implicación. En respuesta a Russell, dijo:

> Su descubrimiento de la contradicción me ha causado la mayor sorpresa y casi me atrevería a decir que consternación, pues ha sacudido la base sobre la que pretendía edificar mi aritmética [...]. El asunto es sumamente serio, pues, con la pérdida de mi regla V, parecen desvanecerse no solo los fundamentos de mi aritmética, sino también los únicos fundamentos posibles de la aritmética.

La existencia de esta paradoja en el corazón de la preciada teoría de Frege implicaba que, en efecto, todos los enunciados que la teoría podía generar eran verdaderos y falsos al mismo tiempo. Es un hecho evidente que cualquier sistema de lógica en el que se descubre que mora una paradoja se vuelve inútil.

El surgimiento de la paradoja de Russell, en los albores del siglo XX, sacudió la lógica y las matemáticas hasta su núcleo mismo. Con una paradoja merodeando en su interior, ninguna demostración que pudieran generar resultaba fiable en última instancia, y ninguna teoría enraizada en ellas estaba debidamente fundamentada. Cierto es que, en términos operacionales, las matemáticas podían continuar como siempre. Para los propósitos cotidianos, nadie estaba por la labor de negar que 2 + 2 = 4 fuese verdadero, ni que 2 + 2 = 5 fuese evidentemente falso. Pero persistía el hecho inquietante de que no había forma de demostrar estas cosas ni, para el caso, cualquier otra cuestión matemática, empezando por lo que se había asumido que era la base firme de las matemáticas, la teoría de conjuntos, desarrollada por figuras como Georg Cantor y Richard Dedekind (de quienes volveremos a ocuparnos en el capítulo 10 sobre el infinito), David Hilbert (a quien conocimos en el capítulo 1 y volvimos a encontrar en el capítulo 5 en relación con las máquinas de Turing) y Frege, en la forma en la que existía al final de la época victoriana. El desmoronamiento de la teoría ingenua de conjuntos comenzó con una paradoja relacionada con los ordinales transfinitos, conocida como la *paradoja de Burali-Forti*, aunque fuera Cantor el primero en captar sus inquietantes implicaciones en torno a 1896. Luego llegó Russell con su golpe de gracia, y quedó claro que los matemáticos debían renunciar a su fe en la demostración, o bien hallar una alternativa a la teoría ingenua de conjuntos. Lo primero resultaba impensable. Así pues, necesitaban alguna forma de reconstruir la teoría de conjuntos desde los cimientos, pero excluyendo desde el principio cualquier cosa que oliese a paradoja.

La respuesta estaba en el desarrollo de los denominados *sistemas formales*. En contraste con la teoría ingenua de conjuntos, que partía de los supuestos y de las reglas del sentido común basados en el lenguaje natural, el nuevo enfoque empezaba definiendo un conjunto específico de axiomas. Un axioma es un enunciado o una premisa que se formula en términos precisos y se considera verdadero desde el principio. Los diferentes sistemas y autores son libres de adoptar diferentes conjuntos de axiomas.

Pero una vez establecidos los axiomas en un sistema formal, los únicos enunciados que cabe considerar verdaderos o falsos dentro del sistema han de construirse a partir de esos supuestos iniciales. La clave del éxito de los sistemas formales radica en que, al elegir cuidadosamente los axiomas en primer lugar, puede impedirse que surja cualquier elemento tan desagradable y destructivo como la paradoja del mentiroso.

Lo que se designa a veces como *paradoja* puede no ser una paradoja en realidad, sino meramente un enunciado verdadero que parece contraintuitivo o un enunciado falso que parece evidente. Un ejemplo claro en matemáticas es la denominada *paradoja de Banach-Tarski*, que expone que podemos coger una bola, cortarla en un número finito de trozos y reorganizarlos para formar dos bolas, cada una de ellas con el mismo volumen que antes. Esto parece una locura, y, en efecto, es importante entender que no se trata de una afirmación relativa a lo que puede hacerse efectivamente con una bola real, un cuchillo afilado y unas gotas de pegamento. Tampoco existe ninguna posibilidad de que algún empresario sea capaz de cortar en rodajas un lingote de oro y montar en su lugar dos nuevos iguales al original. La paradoja de Banach-Tarski no nos dice nada nuevo sobre la física del mundo que nos rodea, pero sí que nos dice muchas cosas sobre cómo el *volumen*, el *espacio* y otros elementos que nos suenan familiares pueden adoptar una apariencia poco familiar en el abstracto mundo de las matemáticas.

Los matemáticos polacos Stefan Banach y Alfred Tarski anunciaron su sorprendente conclusión en 1924, basándose en los trabajos anteriores del matemático italiano Giuseppe Vitali, quien había demostrado que es posible trocear el intervalo unitario (el segmento de 0 a 1) en un conjunto numerable de trozos, deslizar estos fragmentos y encajarlos para formar un intervalo de longitud 2. La paradoja de Banach-Tarski, a la que los matemáticos suelen referirse como *descomposición de Banach-Tarski* (pues en realidad se trata de una demostración, no de una paradoja), destaca el hecho de que, entre el conjunto infinito de puntos que integran una bola matemática, los conceptos de *volumen* y *medida* no pueden definirse para todos los subconjuntos posibles. Esto se reduce al hecho de que las cantidades que pueden medirse en cualquier sentido familiar no se preservan necesariamente cuando una bola se descompone en subconjuntos y luego se vuelven a ensamblar estos subconjuntos de un modo diferente, usando simplemente traslaciones (deslizamientos) y rotaciones (giros). Estos subconjuntos inconmensurables son extremadamente complejos, carecen de límites razonables y de volumen en el sentido ordinario del término, y sencillamente no son alcanzables en el mundo real de la materia y la energía. En cualquier caso, la paradoja de Banach-Tarski no ofrece una receta para producir los subconjuntos: tan solo demuestra su existencia.

Las paradojas pueden adoptar numerosas formas diferentes. Algunas de ellas son meramente errores en nuestros razonamientos; otras plantean preguntas interesantes acerca de lo que podemos dar por sentado. Otras pueden amenazar con destruir un campo entero de las matemáticas, pero brindan una oportunidad para reconstruirlo sobre cimientos más sólidos.

CAPÍTULO 10

No puedes llegar allí desde aquí

> El infinito en matemáticas es siempre rebelde, salvo que lo tratemos adecuadamente.
>
> JAMES NEWMAN

> No puedo evitarlo: muy a mi pesar, el infinito me atormenta.
>
> ALFRED DE MUSSET

¿Se detiene el espacio en algún lugar? ¿Tuvo el tiempo un principio y terminará alguna vez? ¿Existe el mayor de todos los números? Incluso de niños nos hacemos estas preguntas. Diríase que todo el mundo siente curiosidad por el infinito en algún momento. Pero lejos de ser un concepto impreciso y nebuloso, el infinito puede estudiarse con rigor, y los resultados que obtenemos pueden ser tan contraintuitivos que resulten increíbles.

Los pensamientos acerca de la infinitud encuentran su camino en la filosofía, la religión y el arte. El guitarrista de *jazz* y compositor estadounidense Pat Metheny dijo: «Lo que busco en los músicos es un sentido del infinito». El poeta y pintor inglés William Blake especulaba que nuestros sentidos bloqueaban nuestra apreciación de la naturaleza auténtica de las cosas y que «si se limpiaran las puertas de la percepción, todo le parecería al hombre tal como es: infinito». El novelista francés Gustave Flaubert advertía de los peligros de pensar demasiado en el tema: «Cuanto más nos aproximamos al infinito, más profundamente penetramos en el terror».

Los científicos también se tropiezan con el infinito de vez en cuando, y el encuentro no es siempre agradable. En la década de 1930, los teóricos que trataban de hallar formas mejores de entender las partículas subatómicas descubrieron que sus cálculos conducían a cantidades que se disparaban (divergían) hasta valores infinitos. Esto sucedía, por ejemplo, cuando trataban el electrón como una partícula de tamaño 0, tal como sugerían los experimentos de dispersión electrón-electrón. Sus cálculos predecían que la energía del campo eléctrico en torno al electrón era infinitamente grande, lo cual era absurdo. Finalmente, se encontró una manera de evitar esta dificultad en forma de un truco matemático llamado *renormalización*, que hoy se ha convertido en una táctica habitual en el campo de la mecánica cuántica, aun cuando a algunos físicos continúe incomodándoles su naturaleza arbitraria.

En el otro extremo de la escala física, los cosmólogos están deseosos de descubrir si el universo en su conjunto posee un tamaño limitado o si es interminable en todas las direcciones. Por el momento sencillamente lo ignoran. La parte del universo que podemos ver (al menos en principio) —el denominado universo *observable*— tiene un diámetro de unos 92.000 millones de años luz, siendo un año luz la distancia que puede recorrer la luz en un año. El universo observable es la porción del universo entero desde la cual la luz ha tenido la posibilidad de alcanzarnos desde el *big bang*. Más allá puede existir un volumen de espacio mucho mayor, quizá infinitamente grande, al que no tenemos manera de acceder.

Desde que Einstein propusiera su teoría general de la relatividad, hemos sabido que el espacio en el que vivimos puede ser curvo, como es curva la superficie de una esfera, por ejemplo

Imagen del telescopio espacial *Hubble* del cúmulo de galaxias Abell S1077.

(aunque nuestro espacio tiene tres dimensiones en lugar de dos). Para ser más exactos, el espaciotiempo (pues el espacio y el tiempo se hallan íntimamente entrelazados) no tiene por qué seguir las reglas familiares de la geometría que aprendimos en la escuela. A escala local, sabemos con certeza que el espaciotiempo es curvo: el espaciotiempo en torno a cualquier objeto con masa, como el Sol o la Tierra, se deforma, al igual que una lámina de caucho se estira cuando se coloca un peso sobre ella. Pero todavía no sabemos si el universo en su conjunto es curvo (no euclidiano) o plano. Los cosmólogos están deseosos de descubrirlo, pues de la forma del universo depende su destino final.

Si globalmente el espaciotiempo es curvo, entonces es posible que el universo tenga una forma cerrada, del mismo modo que la superficie de una esfera o una rosquilla son cerradas, de suerte que tendría un tamaño limitado, pero, por muy lejos que viajásemos, jamás llegaríamos a un borde o límite. Otra posibilidad es que el universo tuviera una forma parecida a la de la superficie de una silla de montar que continuase indefinidamente, en cuyo caso podría estar «abierto» y extenderse eternamente, o seguir siendo finito. Asimismo, considerado con un todo, podría ser plano, en cuyo caso podría tener de nuevo un tamaño finito o infinito. Cualquiera que resulte ser la situación real, si el universo empezó teniendo un tamaño finito, entonces seguirá siendo finito (aunque pueda continuar creciendo); y si es infinitamente grande, entonces siempre lo ha sido. La idea de un universo que siempre ha sido de tamaño infinito parece estar reñida con la concepción popular de *big bang*, que implica la efusión de materia y energía desde una región que empezó siendo mucho menor que un átomo. Pero no existe ninguna inconsistencia: esta región inicialmente diminuta representa únicamente el tamaño del universo observable —lo más lejos que puede haber viajado la luz— en una fracción de segundo desde el inicio del *big bang*. El universo en su totalidad podría seguir siendo infinito desde el principio, aunque este no habría sido observable. Ninguna de ambas opciones (un universo infinito en el espacio y en el tiempo, o un universo finito) resulta fácil de asimilar, pero la opción finita es tal vez la más difícil de comprender cuando reflexionamos sobre ella. Como escribió el filósofo y ensayista Thomas Paine: «Resulta indescriptiblemente difícil concebir la posibilidad de que el espacio no tenga fin, pero más difícil aún es concebir un fin. Resulta difícil, más allá de las facultades humanas, concebir una duración eterna de lo que llamamos tiempo; pero es más imposible aún concebir la posibilidad de que el tiempo cese de existir».

Las evidencias recopiladas por los astrónomos hasta la fecha a partir del estudio de las galaxias remotas sugieren que el universo es plano e infinito en extensión. Ahora bien, no está nada claro lo que significa *infinito* en lo que atañe al espacio y al tiempo en el universo real. Nunca seremos capaces de demostrar, por medición directa, que el espacio y el tiempo prosigan eternamente, ya que nunca podemos recibir información de infinitamente lejos. Otra complicación surge de la naturaleza misma del espacio y del tiempo. Los físicos creen que existen cosas tales como la menor distancia y el menor tiempo posibles, conocidos respectivamente como *longitud de Planck* y *tiempo de Planck*. En otras palabras, el espacio y el tiempo no son continuos, sino granulares o cuánticos. La longitud de Planck es extremadamente pequeña: meramente $1{,}6 \times 10^{-35}$ metros, o una cienmillonésima de una billonésima parte del diámetro de un protón. Y el tiempo de Planck, que es lo que tarda la luz en recorrer una longitud de Planck, es increíblemente breve: menos de 10^{-43} de un segundo. No obstante, la existencia de esta granularidad del espaciotiempo implica que hemos de ser cuidadosos a la hora de hablar del infinito en el contexto del universo físico. No todos los infinitos son iguales, como han descubierto los matemáticos.

Los filósofos griegos e indios, hace más de dos mil años, fueron los primeros en registrar sus pensamientos sobre el infinito. Anaximandro, en el siglo VI a. C., hablaba del *ápeiron* («lo ilimitado») como fuente de todas las cosas. Su compatriota Zenón de Elea (actualmente conocida como Lucania en el sur de Italia), aproximadamente un siglo más tarde, fue el primero en tratar el infinito desde una perspectiva matemática.

Zenón vislumbró los peligros del infinito a través de sus paradojas, la más conocida de las cuales enfrenta a Aquiles en una carrera contra una tortuga. Seguro de su victoria, nuestro héroe mítico concede ventaja a la tortuga. Pero entonces, pregunta Zenón, ¿cómo puede Aquiles llegar a adelantar al lento reptil? Primero tiene que llegar al punto del que partió la tortuga, en cuyo tiempo la tortuga habrá avanzado. Cuando recorre la nueva distancia que los separaba, descubre que su adversaria ha vuelto a avanzar. Y así prosigue la cosa indefinidamente. Cuantas veces alcance Aquiles el punto en el que estaba su competidora, la tortuga habrá avanzado un poco. Obviamente, existe aquí una desconexión entre cómo pensamos a veces en el infinito y cómo se desarrollan las cosas en realidad. De hecho, tan perplejo estaba Zenón (y no solo él) por este problema, que concluyó que no solo era preferible evitar pensar en el infinito, ¡sino también que el movimiento era imposible!

Una conmoción similar aguardaba a Pitágoras y a sus discípulos, quienes estaban convencidos de que, en el universo, todo podía entenderse a la postre en términos de números enteros. Después de todo, hasta las fracciones comunes son solo un número entero dividido entre otro. Pero la raíz cuadrada de 2 —la longitud de la diagonal de un triángulo rectángulo cuyos lados más cortos miden ambos una unidad— se negaba a encajar en este ordenado esquema cósmico. Se trataba de un número *irracional*, inexpresable como la proporción de dos números enteros. Dicho de otro modo, su expansión decimal se prolonga eternamente sin adaptarse jamás a un patrón de repetición. Los pitagóricos no sabían nada de esto, tan solo que la raíz cuadrada de 2 era una monstruosidad en su cosmovisión aparentemente perfecta, por lo que trataron de mantener en secreto su existencia.

Estos dos ejemplos ponen de relieve un problema fundamental a la hora de enfrentarnos al infinito. Nuestra imaginación puede lidiar con algo que no haya alcanzado todavía un final: siempre podemos imaginarnos que damos otro paso o que sumamos uno más a un total. Pero el infinito, considerado como un todo, plenamente formado, nos deja pasmados. Esto supuso un enorme quebradero de cabeza para los matemáticos, pues su materia se ocupa precisamente de cantidades y de conceptos meticulosamente definidos. ¿Cómo podían trabajar con cosas claramente existentes que continuaban indefinidamente —un número como $\sqrt{2}$ (que empieza 1,41421356237... y sigue y sigue sin ningún patrón de repetición predecible) o una curva que se aproxima cada vez más a una línea— eludiendo al mismo tiempo una confrontación con el infinito mismo? Aristóteles ofreció una posible solución arguyendo que había dos clases de infinito. El *infinito actual* (o *infinito completo*), que creía que no podía existir, es lo interminable plenamente realizado, el infinito efectivamente alcanzado (matemática o físicamente), en algún momento del tiempo. El *infinito potencial*, que Aristóteles insistía en que era evidente en la naturaleza (por ejemplo, en el ciclo interminable de las estaciones o en la divisibilidad indefinida de un pedazo de oro —no conocía los átomos—), es la infinitud propagada durante un tiempo ilimitado. Esta distinción fundamental entre infinito absoluto e infinito potencial perduró en matemáticas durante más de dos mil años.

En 1831, nada menos que una figura como Carl Gauss expresó su «horror al infinito actual», diciendo:

> Protesto contra el uso de la magnitud infinita como algo completo, que jamás es permisible en matemáticas. El infinito es meramente una forma de hablar, cuyo verdadero significado es un límite al que se aproximan indefinidamente ciertas proporciones, en tanto que a otras se las permite crecer sin restricción.

Mirando al infinito.

Al confinar su atención al infinito potencial, los matemáticos fueron capaces de abordar y desarrollar conceptos cruciales tales como los de series infinitas, límites e infinitesimales, y llegar así al cálculo, sin tener que admitir que el propio infinito fuese un objeto matemático. Sin embargo, ya en la Edad Media surgieron ciertas paradojas y enigmas que sugerían que el infinito actual no era un asunto que pudiera dejarse de lado con facilidad. Estos enigmas nacen del principio de que es posible emparejar todos los miembros de un conjunto de objetos con todos los de otro conjunto del mismo tamaño. No obstante, aplicado a conjuntos indefinidamente grandes, este principio parecía oponerse abiertamente a una idea de sentido común expresada por vez primera por Euclides, a saber, que el todo es siempre mayor que cualquiera de sus partes. Por ejemplo, parecía posible emparejar *todos* los números enteros positivos con *solo aquellos que son pares*: 1 con 2, 2 con 4, 3 con 6 y así sucesivamente, a pesar de que los enteros positivos incluyen también los números impares. Galileo, al considerar este problema, fue el primero en mostrar una actitud más abierta hacia el infinito cuando dijo: «El infinito debería obedecer a una aritmética diferente a la de los números finitos».

El concepto de *infinito potencial* nos lleva a pensar que, si seguimos avanzando suficientemente lejos, o el tiempo suficiente, nos aproximaremos al infinito. De ahí solo hay un pequeño paso al mito popular de que el infinito es como un número muy grande, y que un billón, o un billón de billones de billones, de algún modo están más cerca del infinito que, por ejemplo, 10 o 1.000. Pero lo cierto es que no es así. El hecho de seguir recorriendo la recta numérica o de contar hasta números cada vez mayores *no nos acerca en absoluto* al infinito. Estamos tan lejos o tan cerca del infinito en el número 1 como en cualquier número finito que se nos ocurra nombrar, por enorme que sea. Dicho de otro modo, todo el infinito está contenido en cualquier número, por pequeño que sea, de suerte que empezar a contar números cada vez más grandes en busca del infinito resulta completamente inútil. El hecho es que el infinito existe entre 0 y 1, por ejemplo, porque existen infinitas fracciones: ½, ⅓, ¼, y así sucesivamente. El infinito no es nada parecido a un gran número finito. Para abordar el infinito hemos de abandonar por completo el reino de los números finitos y dejar de utilizarlos como una muleta para nuestra comprensión.

El matemático alemán David Hilbert ofreció una ilustración sorprendente de lo extraña que puede llegar a ser la aritmética de lo interminable. Imaginemos, decía Hilbert en una conferencia de 1924, un hotel con un número infinito de habitaciones. En la clase habitual de hotel, con alojamiento finito, no se puede hacer hueco a más huéspedes una vez que todas las habitaciones están llenas. Pero el «Gran Hotel de Hilbert» es radicalmente diferente. Si el huésped que ocupa la habitación 1 se traslada a la habitación 2, el ocupante de la habitación 2 se traslada a la habitación 3, y así sucesivamente, es posible alojar a un recién llegado en la habitación 1. De hecho, puede hacerse hueco para un número infinito de clientes nuevos trasladando a los ocupantes de las habitaciones 1, 2, 3, etcétera, a las habitaciones 2, 4, 6, etcétera, desocupando así todas las habitaciones con numeración impar. Este proceso puede continuarse indefinidamente, de modo que, incluso si llegase un número infinito de autocares, cada uno de los cuales transportase un número infinito de pasajeros, no habría que dejar fuera a nadie. Este resultado ridiculiza nuestra intuición, pero nuestra intuición carece de utilidad a la hora de tratar con cosas infinitamente grandes. El hecho es que las propiedades de un número infinito de cosas son diferentes de las de un número finito de cosas, del mismo modo que, por ejemplo, en ciencia, el mundo se comporta de manera diferente a una escala muy pequeña (cuántica) de como lo hace en la vida cotidiana. En el caso del hotel de Hilbert, los enunciados «Hay un huésped por cada habitación» y «Es posible alojar a más huéspedes» no son mutuamente excluyentes.

Tal es el extraño mundo en el que entramos si aceptamos la realidad de los conjuntos de números con infinitos elementos.

Este fue un problema crucial al que se enfrentaron los matemáticos a finales del siglo XIX: ¿estaban preparados para aceptar el infinito actual como un número? La mayoría de ellos siguieron a Aristóteles y a Gauss en su rechazo de la idea. Pero unos pocos, entre quienes figuraban el matemático alemán Richard Dedekind y, sobre todo, su compatriota Georg Cantor, entendieron que había llegado el momento de dotar de una base lógica firme el concepto de *conjuntos infinitos*.

Como pionero en el extraño y perturbador reino de lo infinito, Cantor, que se enfrentó a la feroz oposición y a la mofa de muchos de sus contemporáneos (incluida la implacable oposición de su viejo mentor y profesor Leopold Kronecker), perdió su empleo en la Universidad de Berlín, y, de vez en cuando, su cordura. En su vida posterior fue paciente ocasional en instituciones mentales, se desesperó poniendo en duda la autenticidad de las obras de Shakespeare y se enredó en las implicaciones filosóficas e incluso religiosas de su obra matemática. Pero, aunque murió tristemente en un sanatorio en 1918, con su nación todavía en guerra, hoy es recordado por sus contribuciones fundamentales a la teoría de conjuntos y a nuestra comprensión del infinito.

Cantor se percató de que el célebre *principio del emparejamiento* utilizado para decir si dos conjuntos finitos son iguales podía aplicarse igualmente a los conjuntos infinitos. De ello se seguía que en realidad existen tantos números enteros positivos pares como enteros positivos en total. Lejos de tratarse de una paradoja, se le antojaba una *propiedad definitoria* de los conjuntos infinitos, a saber: que el todo no es mayor que algunas de sus partes. Pasó a demostrar que el conjunto de todos los números naturales, que es el conjunto de todos los números enteros no negativos, 0, 1, 2, 3, ... (a veces no se incluye el 0), contiene exactamente tantos números como el conjunto de todos los números racionales, esto es, los números que pueden expresarse como un número entero dividido entre otro. Llamó a este número infinito *aleph-null* ($\aleph_0$), siendo *aleph* la primera letra del alfabeto hebreo y *null* el término alemán para «cero». A veces se designa también como *álef cero.*

Cabría suponer que solo puede existir un número infinito, ya que, una vez que algo es interminablemente grande, ¿cómo podría haber algo mayor? Pero estaríamos equivocados. Cantor demostró que existen diferentes clases de infinito, el menor de los cuales es el álef cero. Infinitamente mayor que el álef cero es el álef uno (que describió como dotado de mayor «poderío»), infinitamente mayor que el álef uno es el álef dos, y así sucesivamente, sin fin. Inútilmente hasta donde llega la imaginación, los álef tienen infinitos tamaños. Y no solo eso, sino que también resulta que a cada álef le corresponden otros infinitos números infinitos, un hecho que nos lleva a considerar la importante diferencia, en el reino de lo infinito, entre los cardinales y los ordinales.

Tanto en el lenguaje cotidiano como en la aritmética, los números cardinales nos dicen cuántas cosas hay en un conjunto (1, 5, 42, etcétera), mientras que los números ordinales, como el nombre sugiere, indican el orden o la posición de algo (primero, quinto, cuadragésimo segundo, etcétera). La distinción entre estos dos tipos de números parece muy clara y no excesivamente importante. Supongamos que estamos hablando de lápices. Es obvio que no podemos tener un quinto lápiz sin tener al menos cinco lápices en un grupo, y que podríamos seguir teniendo un quinto lápiz aunque hubiera siete en un grupo. También podríamos tener cinco lápices sin tener un quinto lápiz, si no los pusiéramos en ningún orden. Pero, dejando aparte estas pequeñas distinciones, podemos usar los mismos símbolos para los cardinales y para los ordinales: 1 (o 1.º), 5 (o 5.º), 42 (o 42.º), y así sucesivamente, sin preocuparnos demasiado de las diferencias entre los cardinales y los ordinales. Sin embargo, Cantor advirtió que, cuando se trata de números infinitos, la distinción adquiere una importancia crucial. Para apreciar esto necesitamos echar un vistazo rápido a un área de las matemáticas en cuyo desarrollo desempeñaron un papel clave Cantor y Dedekind, a saber: la teoría de conjuntos.

Un conjunto es simplemente una colección de cosas, que pueden ser números o cualquier otra cosa, y el símbolo matemático empleado para indicar un conjunto es un par de llaves. Por ejemplo, tanto {1, 4, 9, 25} como {flecha, arco, 75, R} son conjuntos. El tamaño de un conjunto (el número de elementos que contiene) se conoce como su *cardinalidad* y viene dado por un número cardinal. Los dos conjuntos que acabamos de mencionar tienen cuatro miembros o elementos, por lo que su cardinalidad es 4. En general, si la cardinalidad de dos conjuntos es la misma, entonces cada miembro del primer conjunto puede emparejarse con uno del segundo, de modo que no sobre ninguno; en otras palabras, tienen una correspondencia uno a uno. Por ejemplo, podemos emparejar 1 con «75», 4 con «flecha», 9 con «R» y 25 con «arco» para mostrar que estos conjuntos tienen la misma cardinalidad. Los cardinales finitos (los cardinales que miden el tamaño de los conjuntos finitos) son solo los números naturales 0, 1, 2, 3, etcétera. El primer cardinal infinito es el álef cero, que, como vimos anteriormente, mide el tamaño del conjunto de todos los números naturales.

Para los conjuntos finitos, la diferencia entre el tamaño de un conjunto, dado por un número cardinal, y su «longitud», dada por un número ordinal, es tan leve que casi resulta pedante. Pero en el caso de los conjuntos infinitos, advirtió Cantor, se trata de cosas bien distintas. Para captar cuán diferentes son, necesitamos entender la noción de un conjunto *bien ordenado*. Un conjunto se considera bien ordenado si satisface dos condiciones: la primera es que ha de tener un primer número definido, y la segunda es que cada subconjunto o subgrupo de sus miembros ha de tener también un primer miembro. El conjunto finito {0, 1, 2, 3}, por ejemplo, está bien ordenado. Por otro lado, el conjunto de todos los números enteros, que incluye todos los enteros negativos así como todos los positivos, {..., –2, –1, 0, 1, 2, ...}, no está bien ordenado porque no existe un primer miembro. El conjunto de todos los números naturales, {0, 1, 2, 3, ...}, está bien ordenado porque, a pesar de no tener al final ningún miembro específico, tiene uno al principio, y todos los subconjuntos que contienen únicamente números naturales tienen asimismo un primer número.

Ahora bien, un aspecto clave es que todos los conjuntos infinitos bien ordenados del mismo tamaño o cardinalidad *pueden tener diferentes longitudes*. Este no es un concepto fácil de captar, ni siquiera para un matemático. En sentido estricto, deberíamos decir diferentes *ordinalidades* en lugar de *longitudes*, pero el término más familiar nos ayuda a apreciar lo que sucede. Consideremos los conjuntos {0, 1, 2, 3, 4, ...} y {0, 1, 2, 4, ..., 3}, donde los tres puntos significan «continúa eternamente», empezando con 4 y siguiendo hacia delante, pero, en el segundo conjunto, dejando el 3 para el final. Ambos conjuntos contienen todos los números naturales y, por consiguiente, poseen igual tamaño y cardinalidad, álef cero. Pero el segundo es ligeramente más largo. Al principio, esto no parece tener sentido. Después de todo, si estuviéramos hablando de conjuntos finitos, es evidente que {0, 1, 2, 3, 4} y {0, 1, 2, 4, 3} son idénticos en longitud, ya que ambos contienen cinco miembros. Pero los conjuntos infinitos son endemoniadamente contraintuitivos. El conjunto {0, 1, 2, 3, 4, ...} no tiene un último miembro finito porque los tres puntos nos dicen que continuemos eternamente sin parar. Ahora bien, {0, 1, 2, 4, ..., 3} es diferente. También contiene una secuencia de números que continúa eternamente. No obstante, contiene asimismo un miembro que está más allá de todos los números de la secuencia interminable. Con el 3 eliminado, la secuencia 0, 1, 2, 3, ... es igual de larga que 0, 1, 2, 4, ...; en otras palabras, podríamos emparejar todos los miembros de estas dos secuencias sin que nunca sobrase ninguno. Pero al desplazar el 3 al final, de suerte que viene después de la secuencia infinita, se añade uno a la longitud. Pensémoslo de otro modo. Con el primer conjunto {0, 1, 2, 3, 4, ...} hay un primer elemento (0), un segundo elemento (1), un tercer elemento (2), un cuarto elemento (3), y así sucesivamente. Con el segundo, hay también un primero (0), un segundo (1), un tercero (2), un cuarto (4), etcétera. Ahora bien, hay un elemento (3), que no es ninguno de estos. El ordinal que asignamos a 3 —no el valor del número, sino el orden en el que este aparece— es mayor que cualquier cosa que venga antes de él, pues viene después de todos los demás números de la serie.

Necesitamos un sistema de denominación, para esta clase de números infinitos, que sea diferente de los álef. Los matemáticos designan el menor ordinal infinito —la longitud más corta del conjunto de todos los números naturales— como *omega* (ω). La ordinalidad del conjunto $\{0, 1, 2, 4, ..., 3\}$, en el que el 3 se sitúa después de todos los demás números naturales, es uno mayor, o sea, $\omega + 1$. Otra forma de decir esto es que 3 es el elemento $(\omega + 1)^{o}$ del conjunto $\{0, 1, 2, 4, ..., 3\}$. El signo + es aquí un tanto confuso, porque no significa adición en el sentido usual, sino, más bien, que $\omega + 1$ es el siguiente ordinal después de ω. Podemos sumar a ω, pero no podemos restar. La ordinalidad de $\{0, 1, 2, 4, ...\}$, con el 3 eliminado, sigue siendo ω. No existe tal cosa como $\omega - 1$, lo cual puede parecer extraño, pero ello se debe a que estamos acostumbrados a manejar números finitos. El caso es que la *longitud* del conjunto de todos los números naturales no puede reducirse, por muy grande que sea el número finito de elementos que eliminemos de él, en virtud de su infinitud, como podemos ver con $\{0, 1, 2, 4, ...\}$. Por otra parte, su longitud sí que puede incrementarse, poniendo al final los elementos que han sido eliminados.

Para recapitular: tanto álef cero como ω se refieren al mismo conjunto: el conjunto de los números naturales. Álef cero es su tamaño (cuántos elementos contiene) y ω es su longitud más corta. Esta longitud puede incrementarse quitando elementos de su orden habitual y desplazándolos al final. El conjunto $\{2, 3, 4, ..., 0, 1\}$, por ejemplo, tiene una cardinalidad de álef cero, pero una ordinalidad de $\omega + 2$. Podemos continuar aumentando la longitud del conjunto de los números naturales, trasladando cada vez más elementos más allá de los tres puntos que significan «continúa eternamente»: $\omega + 3$, $\omega + 4$, ..., hasta llegar a $\omega + \omega$ (o $\omega \times 2$), que podría expresarse, por ejemplo, como el subconjunto de todos los números pares seguido por el subconjunto de todos los números impares {0, 2, 4, ..., 1, 3, 5, ...}, pues cada uno de estos es igual en longitud a ω. Luego podemos continuar como antes, trasladando elementos al final; por ejemplo, una forma de expresar $\omega \times 2 + 1$ es {2, 4, ..., 1, 3, 5, ..., 0}. A continuación, podemos pasar a las potencias de ω, tales como ω^2, ω^3, ..., hasta llegar a ω elevado a la potencia de ω (ω^ω), y luego a pilas de potencias (torres de potencias) de ω, y llegar cada vez más alto hasta alcanzar una torre de potencias de ω con una altura de ω. Finalmente, más allá de esto, hay un nuevo nivel, un ordinal que Cantor denominaba épsilon cero (ε_0). Al igual que ω es el ordinal más pequeño que hay más allá de los ordinales finitos, ε_0 es el ordinal más pequeño que hay más allá de cualquier ordinal que pueda expresarse en términos de ω usando la adición, la multiplicación y la exponenciación. Es la puerta de entrada al reino de los números épsilon, que, como el de los ordinales omega, es infinitamente grande. Todo el proceso descrito por los omega se repite para los épsilon, hasta agotar todas las operaciones matemáticas que son posibles utilizando los épsilon, incluidas las torres de potencias de épsilon o incluso épsilon de épsilon. En este punto llegamos a un nuevo nivel de ordinales infinitos, que empieza con dseta-0 (ζ_0). Y así eternamente.

Más que nada, la dificultad para seguir avanzando es una cuestión de notación. A la postre, se agotan todas las letras griegas, junto con cualquier otro sistema ordinario de designación, para representar la jerarquía de ordinales infinitos que se prolonga en la distancia. Al problema de encontrar medios más potentes y compactos de designar los grandes ordinales infinitos se suma un grado creciente de dificultad técnica. Algunos hitos, que reciben su nombre de los matemáticos con cuyos trabajos se asocian, jalonan el camino, una vez que el dseta-0 se ha dejado muy atrás: el ordinal de Feferman-Schütte, el pequeño ordinal y el gran ordinal de Veblen (ambos extraordinariamente grandes), el ordinal de Bachmann-Howard y el ordinal de Church-Kleene (descrito por primera vez por el matemático estadounidense Alonzo Church y su alumno Stephen Kleene). La descripción adecuada del significado de cada uno de ellos ocuparía un libro entero, pues las matemáticas que a ellos subyacen son sumamente esotéricas. El ordinal de Church-Kleene, por ejemplo, es tan incomprensiblemente enorme que no existe ninguna notación capaz de llegar hasta él.

Con estos ordinales rara vez se topan los matemáticos profesionales, y menos aún el público en general, pero la clave de todos ellos es que son *contables*. En otras palabras, todos los ordinales infinitos de los que hemos hablado hasta ahora, empezando con ω, pueden emparejarse uno a uno con los números naturales sin que sobre ninguno, lo cual tiene sentido, ya que todas esas secuencias son meras reordenaciones de números naturales. Otra forma de decir esto es que a todos les corresponde la cardinalidad —el tamaño— de álef cero. No estamos más cerca de una clase mayor de infinito cuando llegamos a épsilon cero, ni siquiera al enorme ordinal de Church-Kleene, que cuando empezamos: por colosales que estos números puedan ser, representan meramente diferentes formas de ordenar el conjunto de todos los números naturales. Una clase mayor de infinito tiene que trascender por completo el álef cero. Pero ¿cómo es posible tal cosa?

El álef cero no se comporta como los números que estamos acostumbrados a manejar. Mientras que $1 + 1 = 2$, $\aleph_0 + 1$ sigue siendo álef cero ($\aleph_0$). Álef cero más cualquier número finito o menos cualquier número finito sigue siendo álef cero. Esto sugiere una nueva vuelta de tuerca en la canción infantil «Ten Green Bottles» («Diez botellas verdes»), de esta guisa: «Álef cero botellas verdes colgando en la pared, álef cero botellas verdes colgando en la pared, y si una botella verde se quisiera caer, habría álef cero botellas verdes colgando en la pared» (repetir *ad infinitum*). No podemos modificar álef cero restando, sumando ni multiplicándolo por ningún número finito, ni siquiera multiplicándolo por el propio álef cero. Pero Cantor demostró, mediante un teorema que hoy lleva su nombre, que existe una jerarquía de infinitos, el más pequeño de los cuales es álef cero. El siguiente cardinal infinito, álef uno, es mucho mayor e igual en tamaño al conjunto de todos los ordinales contables, es decir, aquellos con cardinalidad álef cero. Es difícil mostrar explícitamente los ordinales con tamaño álef uno como una secuencia, aunque la secuencia {0, 1, 2, ..., ω, ω + 1, ..., ω × 2, ..., ω^2, ..., ω_ω, ..., ε_0, ...}, y así sucesivamente, que enumera todos los ordinales contables (todas las diferentes longitudes posibles que pueden obtenerse mediante la reordenación de los números naturales), tendría ordinalidad omega uno (el ordinal más pequeño correspondiente a álef uno).

Un rápido recordatorio de lo que significa *contable*: simplemente una secuencia o un conjunto que puede ser contado. En otras palabras, *contable* se refiere a algo que puede ponerse en una serie, aunque no necesariamente con los miembros de la serie en su orden normal. A veces es preciso revolverlos, como en el caso del hotel de Hilbert. Dado que los números naturales son contables, se dice que álef cero, el tamaño del conjunto de los números naturales, es un cardinal contablemente infinito. Se corresponde con el menor ordinal contable infinito, ω, y otro número infinito de ordinales contablemente infinitos. Todos estos infinitos ordinales contables surgen porque, en el caso de los ordinales, la información relativa al orden es relevante, por lo que necesitamos una distinción mucho más precisa que con los cardinales. Aun así, todos los ordinales contables de ω en adelante, incluidos los números épsilon y los restantes, caen dentro de la misma cardinalidad: álef cero. Pero con álef uno se produce un cambio radical. Álef uno no solo es indescriptiblemente mayor que álef cero, sino que, además, es *incontable*. Le corresponde el menor ordinal incontable: omega-1 (ω_1).

Hemos dicho que álef uno es el tamaño del conjunto de los ordinales contables, pero ¿tiene alguna otra interpretación? Álef cero mide el tamaño del conjunto de todos los números naturales. ¿Se corresponde también álef uno con algo que resulte familiar y conceptualmente fácil de captar? Eso pensaba Cantor. Creía que álef uno era idéntico al número total de puntos de una línea matemática que, sorprendentemente, descubrió que era igual al número de puntos en un plano o en cualquier espacio dimensional superior. Esta infinitud de puntos espaciales, conocida como la *potencia del continuo*, *c*, es asimismo el conjunto de todos los números reales (todos los números racionales más todos los números irracionales). Los números reales, a diferencia de los números naturales, no se pueden contar. Supongamos que te preguntase qué viene después de 357 en la serie de números reales. Podrías reordenar los números reales y formar todas las estrategias de recuento que deseases, pero lo cierto es que seguiría habiendo números reales que jamás podrías contar, aunque siguieras contando eternamente.

Cantor planteó una idea que llegaría a conocerse como *hipótesis del continuo.* Según esta, *c* es igual a álef uno, lo cual equivale a decir que no existe ningún conjunto infinito con una cardinalidad entre la de los números naturales y la de los números reales. Sin embargo, pese a sus muchos esfuerzos, Cantor nunca fue capaz de demostrar o refutar su hipótesis. Hoy conocemos la razón, que socava los fundamentos mismos de las matemáticas.

En la década de 1930, el lógico austriaco Kurt Gödel demostró que es imposible demostrar que la hipótesis del continuo es falsa partiendo de los axiomas o supuestos habituales de la teoría de conjuntos. Con tal propósito, Gödel reunió un sistema explícito de conjuntos, denominado *universo construible*, en el que demostró que todos los axiomas se mantienen y la hipótesis del continuo es verdadera (si bien no se sigue de ello que el universo construible sea el *único* sistema semejante). Tres décadas más tarde, el matemático estadounidense Paul Cohen demostró que tampoco puede demostrarse que sea correcto partiendo de esos mismos axiomas. En otras palabras, su estatus era indeterminado dentro del marco normalmente empleado por los matemáticos. Esta situación había estado sobre la mesa desde la aparición del célebre teorema de la incompletitud de Gödel, que comentamos en el capítulo 5, y que establece que en todo sistema de axiomas suficientemente complejo, si el sistema es completo, entonces existen enunciados que no pueden ser ni demostrados ni refutados (volveremos sobre este tema cuando regresemos al teorema de incompletitud en el capítulo final). Pero la independencia de la hipótesis del continuo seguía resultando perturbadora, pues constituía el primer ejemplo concreto de una cuestión importante que probablemente no podía decidirse en ningún sentido a partir del sistema de axiomas universalmente aceptado, sobre el que están edificadas la mayor parte de las matemáticas.

El debate acerca de si la hipótesis del continuo es o no verdadera en última instancia, o si es siquiera un enunciado con sentido, sigue coleando entre los matemáticos y los filósofos. En cuanto a la naturaleza de los diversos tipos de infinitos y la existencia misma de conjuntos infinitos, estos asuntos dependen crucialmente de la teoría de los números que estemos empleando. Axiomas y reglas diferentes conducen a respuestas diferentes a la pregunta: «¿Qué hay más allá de los números enteros?». Esto puede tornar difícil o incluso absurda la tarea de comparar los diversos tipos de infinitos que aparecen y determinar su tamaño relativo, si bien dentro de cualquier sistema numérico dado, los infinitos suelen poder ordenarse con claridad.

Existe una jerarquía imponente de números cardinales más allá de álef cero. Suponiendo que la hipótesis del continuo sea cierta, que es la posición por defecto de la mayoría de los matemáticos (pues entraña consecuencias útiles), el siguiente cardinal infinito mayor es álef uno, igual al tamaño del conjunto de todos los números reales o, alternativamente, todas las formas diferentes de ordenar los miembros de álef cero. Después de este, viene álef dos (que es igual al número de modos diferentes en los que es posible ordenar los miembros de álef uno), luego álef tres, álef cuatro, y así sucesivamente, sin cesar. A cada álef le corresponde un número infinito de ordinales, el menor de los cuales es ω en el caso de álef cero, ω_1 en el caso de álef uno, ω_2 en el caso de álef dos, etcétera. Aunque existe un número infinito de álef, cada uno de ellos infinitamente mayor que el anterior, los matemáticos pueden soñar con cardinales cuyo tamaño exceda el de cualquier álef concebible. Con tal propósito, han de ir más allá de los fundamentos habituales de su disciplina y recurrir a lo que se denomina forzamiento *(forcing)* de axiomas: una técnica ideada por Paul Cohen, a quien hemos mencionado con anterioridad. Esto conduce al concepto de los modestamente denominados *cardinales grandes*, que en realidad son espectacularmente gigantescos, incluidos aquellos que tienen nombres especiales como los cardinales de Mahlo y los cardinales supercompactos.

Finalmente (al menos por ahora), existe la noción de *infinito absoluto*, a veces representado por la omega mayúscula (Ω), un infinito que trasciende o supera todos los demás. El propio Cantor hablaba de él, pero principalmente en términos religiosos. Cantor era un luterano profundamente comprometido, cuyas convicciones cristianas afloraban ocasionalmente en sus trabajos académicos. Para él, Omega, en caso de existir, solo podía hacerlo en la mente del Dios en el que creía. Sobre esa base, Omega no es nada más que una gran especulación metafísica. Ciñéndonos exclusivamente a las matemáticas, el infinito absoluto no puede definirse con rigor, por lo que los matemáticos, salvo que acepten ser derrotados por la especulación filosófica, tienden a ignorarlo. Puede existir la tentación de caracterizarlo como el número de elementos en el universo de todos los conjuntos: el llamado *universo de Von Neumann*. Pero el universo de Von Neumann no es realmente un conjunto (más bien es una clase de conjuntos), por lo que no puede usarse para definir ningún tipo específico de infinito, ni cardinal ni ordinal. Aunque es más polémico, Omega podría concebirse como el resultado más razonable si 1 se dividiera entre 0. Este no es un procedimiento definido normalmente en matemáticas, aunque puede realizarse en ciertas formas de geometría, como la geometría proyectiva, que producen la idea de un «punto en el infinito» o una «línea en el infinito». La búsqueda de Omega continuará desafiando a las futuras generaciones de matemáticos, lógicos y filósofos. Mientras tanto, tenemos suficientes infinitos, cada uno infinitamente mayor que el precedente, para mantener ocupado nuestro cerebro.

Una reflexión final: ¿están representados algunos de estos infinitos matemáticos en el mundo real, o son puras abstracciones? Antes vimos que los cosmólogos se inclinan hacia la visión de que el universo en el que vivimos es geométricamente plano e interminable en el espacio y en el tiempo. Si continúa eternamente, ¿con qué clase de infinito matemático se corresponde? El hecho de que el espacio y el tiempo parezcan presentarse en cantidades discretas (la longitud de Planck y el tiempo de Planck) significa que no son continuos como los puntos de una línea matemática. Por tanto, si el universo real es infinitamente grande, parece que podría corresponderse únicamente con la clase más pequeña de infinito, el álef cero. Cualquier cosa mayor siempre puede confinarse a nuestro intelecto o a algún espacio platónico no constreñido por las leyes de la física.

CAPÍTULO 11

El mayor de todos los números

> El problema de los números enteros es que solo hemos examinado los muy pequeños. Puede que todo lo emocionante suceda en los números realmente grandes, en los que ni siquiera somos capaces de empezar a pensar de una forma muy definida.
>
> Ronald L. Graham

Si preguntamos a un niño cuál es el número mayor en el que es capaz de pensar, la respuesta será algo parecido a «50.000 millones de billones de trillones de trillones...», hasta que se quede sin aliento, añadiendo por si acaso algún extraño y nebuloso «tropecientos mil millones». Semejantes números pueden ser ciertamente grandes en todos los estándares, tal vez más que todos los seres vivos de la Tierra o que todas las estrellas del universo. Pero son insignificantes comparados con las clases de números alucinantemente gigantescos que los matemáticos son capaces de inventar. Aunque estuviésemos dispuestos y fuésemos tan tontos como para pasarnos toda la vida consciente y adulta diciendo «billón» cada segundo, el número que habríamos mencionado al final sería increíblemente diminuto en comparación con los monstruos del cosmos numérico que estamos a punto de conocer, como el número de Graham, el ÁRBOL(3) y el extremadamente colosal número de Rayo.

Una de las primeras personas que sabemos que pensaron metódicamente en números muy grandes fue Arquímedes, nacido en Siracusa, Sicilia, en torno al año 287 a. C., a quien suele considerarse el mayor matemático de la Antigüedad y uno de los mayores de la historia. Arquímedes se preguntaba cuántos granos de arena había en el mundo, y, aparte de eso, cuántos podían meterse en la totalidad del espacio, que los antiguos griegos creían que se extendía hasta una esfera que contenía lo que ellos llamaban las estrellas fijas (en otras palabras, las estrellas del cielo nocturno a diferencia de los planetas). Su tratado *El arenario* o *El contador de arena* comienza así:

> Algunos piensan, rey Gelón, que el número de granos de arena es infinito en multitud; y con arena no solo me refiero a la que existe en Siracusa y el resto de Sicilia, sino también a la que se encuentra en cada región habitada o deshabitada. También hay algunos que, sin considerarlo infinito, piensan que no ha sido nombrado ningún número lo suficientemente grande para exceder su multitud.

Para abonar el terreno para su cálculo de arena en todo el cosmos, Arquímedes comenzó a extender el sistema disponible en la época para nombrar los números grandes. Este es el reto fundamental al que se han enfrentado desde entonces todos los matemáticos que han tratado de definir números enteros cada vez mayores. Los griegos designaban el número 10.000 como *myrias*, que se traduce como «incontable» y que los romanos llamaban *miríada*. Como punto de partida de su aventura en el reino de los números verdaderamente enormes, Arquímedes usó una «miríada de miríadas», es decir, 100.000.000, o, en la notación exponencial moderna, 10^8, un número mucho mayor que cualquier cosa para la que los griegos tuvieran un propósito práctico. Arquímedes clasificó cualquier número inferior a una miríada de miríadas

Arquímedes creía que «las matemáticas solo revelan sus secretos a quienes se acercan a ellas con amor puro, por su propia belleza».

como de «primer orden». Los números inferiores a una miríada de miríadas de veces una miríada de miríadas (un uno seguido de dieciséis ceros o 10^{16}) los definió como de «segundo orden», y así sucesivamente hasta el tercer orden y el cuarto, siendo cada orden de su esquema una miríada de miríadas de veces mayor que los números del orden precedente. Finalmente llegó a los números del orden de la miríada de miríadas, esto es, 10^8 multiplicado por sí mismo 10^8 veces, o 10^8 elevado a la potencia 10^8. Mediante este proceso, Arquímedes fue capaz de describir números de hasta 800 millones de dígitos. Definió todos estos números como pertenecientes al «primer periodo». Consideró el propio número $10^{800.000.000}$ el punto de partida para el segundo periodo, y luego volvió a iniciar el proceso. Definió órdenes del segundo periodo mediante el mismo método anterior, siendo cada nuevo orden una miríada de miríadas de veces mayor que el último, hasta que, al final del periodo de la miríada de miríadas, alcanzó el valor colosal de $10^{80.000.000.000.000.000}$, o una miríada de miríadas elevado a la potencia de una miríada de miríadas de veces una miríada de miríadas.

Resultó que, para su empresa de cómputo de arena, Arquímedes no necesitaba haberse molestado en ir más allá del primero de sus periodos. En su esquema cósmico de las cosas, la totalidad del espacio, nada menos que hasta las estrellas fijas, equivalía a dos años luz de diámetro con el Sol en su centro. Utilizando su cálculo del tamaño de un grano de arena, propuso la cifra de 8×10^{63} granos necesarios para convertir el cosmos en una playa gigante, un número de solamente el octavo orden del primer periodo. Incluso tomando un cálculo moderno del diámetro del universo observable de 92.000 millones de años luz, no habría espacio para más de unos 10^{95} granos de arena, que sigue siendo un número de meramente el duodécimo orden del primer periodo.

Arquímedes puede haber sido el mago de Occidente en lo que atañe a los grandes números, pero en Oriente los intelectuales llevarían mucho más lejos la búsqueda de monstruos numéricos. En un texto indio titulado *Lalitavistara sutra*, escrito en sánscrito y que data aproximadamente del siglo III, se presenta a Gautama Buda describiendo al matemático Arjuna un sistema de numeración que comienza con el *koti*, un término sánscrito para 10.000.000. A partir de ahí, confecciona una larga lista de números nombrados, cada uno cien veces mayor que el anterior: 100 *koti* forman un *ayuta*, 100 *ayuta* forman un *niyuta*, y así sucesivamente hasta llegar al *tallakshana*, que es un uno seguido de 53 ceros. Asimismo, pone nombres a números aún mayores, como el *dhvajhagravati*, igual a 10^{99}, hasta llegar al *uttaraparamanurajapravesa*, que es 10^{421}.

Otro texto budista fue más lejos —espectacularmente más lejos— por la senda de lo desorbitadamente inmenso. El *Avatamsaka sutra* describe un cosmos de infinitos niveles interpenetrados. En el capítulo 30, Buda vuelve a hablar largo y tendido sobre los grandes números, partiendo de 10^{10}, elevándolo al cuadrado para dar 10^{20}, elevándolo a su vez al cuadrado para dar 10^{40}, y así sucesivamente (10^{80}, 10^{160}, 10^{320}), hasta llegar a $10^{101.493.392.610.318.652.755.325.638.410.240}$. Si elevamos al cuadrado este número, declara, el número alcanzado es *incalculable.* Más allá de este, habiendo saqueado aparentemente el diccionario de sánscrito en busca de superlativos, designa números sucesivamente más grandes como *inconmensurable, ilimitado, incomparable, innumerable, incontable, impensable, inmensurable* e *inexpresable*, para culminar con *indecible*, que resulta ser $10^{10x(2\wedge 122)}$ (el signo ^ se emplea para mostrar dónde un número se eleva a la potencia de otro, de suerte que $10^{10x(2\wedge 122)}$ es lo mismo que $10^{10x(2 \text{ elevado a } 122)}$). Esto empequeñece el número mayor que Arquímedes considerara en sus escritos ($10^{80.000.000.000.000.000}$) hasta el punto de que el número de Arquímedes tendría que elevarse aproximadamente a la potencia de 66.000.000.000.000.000.000 para ingresar en la misma categoría de indecible.

Tanto Arquímedes como los sutras budistas empleaban grandes números para dar una cierta impresión de la inmensidad de sus versiones respectivas del universo. También en el caso del budismo se creía que el hecho de nombrar una cosa confería un cierto poder sobre ella. Pero los matemáticos no solían estar demasiado interesados en idear planes para nombrar y representar números cada vez mayores porque sí. Nuestra convención de usar palabras terminadas en *-illón* para nombrar los grandes números se remonta al matemático francés del siglo XV Nicolas Chuquet. En un artículo escribió un número enorme, lo descompuso en grupos de seis dígitos y sugirió llamar a estos...

> ... *millón;* la segunda marca, *billón;* la tercera marca, *trillón;* la cuarta, *cuatrillón;* la quinta, *quintillón;* la sexta, *sextillón;* la séptima, *septillón;* la octava, *octillón;* la novena, *nonillón;* y así sucesivamente con los demás, tan lejos como deseemos llegar.

En 1920, el matemático estadounidense Edward Kasner pidió a su sobrino de nueve años, Milton Sirotta, que inventara un nombre para el número 1 seguido de 100 ceros. Su sugerencia, «gúgol» *(googol)* se incorporó al léxico popular después de que Kasner escribiera sobre él en el libro *Mathematics and the Imagination (Matemáticas e imaginación),* escrito junto con James Newman.* El joven Sirotta propuso asimismo el nombre *gugolplex* para el número 1 «seguido de ceros hasta que te canses de escribir». Kasner optó por una definición más precisa «porque las diferentes personas se cansan en momentos diferentes y resultaría inaceptable que Carnera [un campeón de boxeo de los pesos pesados] fuese un mejor matemático que el doctor Einstein, simplemente por tener más resistencia». Sin embargo, el efecto real de escribir un gugolplex es acertado, si bien se trata de una enorme subestimación. Un gugolplex, tal como lo definió Kasner, es $10^{\text{gúgol}}$, o 1 seguido de un número gúgol de ceros. Un gúgol es fácil de escribir en su integridad:

10.000.000.000.000.000.000.000.000.000.000.000.000.000.000.
000.000.000.000.000.000.000.000.000.000.000.000.000.000.000.
000.000.000.000

Pero un gugolplex es sensacionalmente mayor. No existe suficiente papel en la Tierra o, llegado el caso, materia en la totalidad del universo observable, para escribir los dígitos de un gugolplex, ni siquiera si escribiéramos los ceros tan pequeños como los protones o los electrones. El gugolplex es mayor que cualquier número nombrado en la Antigüedad, incluido el gigantesco «indecible». No obstante, es más pequeño que un número que, en 1933, surgió de una investigación sobre los números primos llevada a cabo por el matemático sudafricano Stanley Skewes. Lo que llegaría a conocerse como el número de Skewes es un límite superior o máximo valor posible de un problema relativo a la distribución de los números primos. G. H. Hardy, el célebre matemático británi-

* Barcelona, Salvat, 1994.

co mentor de Ramanujan y autor del muy leído libro *A Mathematician's Apology (Apología de un matemático)*,* describió en su momento el número de Skewes como «el mayor número que jamás ha servido para algún propósito definido en matemáticas». Tiene el valor $10^{10\wedge 10\wedge 34}$ o, para ser más precisos, $10^{10\wedge 8852142197543270606106100452735038{,}55}$. Este colosal límite superior requiere a su vez la asunción de la hipótesis de Riemann, que, como vimos en el capítulo 7, todavía continúa desconcertando a los matemáticos. Un par de décadas después, Skewes anunció otro número, en relación con el mismo problema de los números primos, pero sin asumir la hipótesis de Riemann, que era todavía mayor: $10^{10\wedge 10\wedge 964}$, unos billones más o menos.

Para no ser menos que la matemática pura, la física inventó también sus propios números gigantescos como soluciones a ciertos enigmas inusuales. Uno de los primeros en participar en el juego de los grandes números en física fue el matemático, físico teórico y polímata francés Henri Poincaré, que, entre sus numerosas contribuciones, escribió sobre cuánto tiempo tardarían los sistemas físicos en regresar a un estado exacto. En el caso del universo, el llamado *tiempo de recurrencia de Poincaré* es el intervalo que tardarían la materia y la energía en reorganizarse, hasta el plano subatómico, habiendo experimentado un número increíble de combinaciones intermedias, hasta un determinado punto de partida. El teórico canadiense Don Page, antiguo alumno de Stephen Hawking, ha calculado que el tiempo de recurrencia de Poincaré para el universo observable es $10^{10\wedge 10\wedge 10\wedge 2{,}08}$ años, que es un número situado en algún lugar entre los números pequeño y grande de Skewes, y mayor que el gugolplex. Asimismo, calculó el tiempo de recurrencia máximo de Poincaré para cualquier universo de un tipo particular, que era aún mayor ($10^{10\wedge 10\wedge 10\wedge 10\wedge 1{,}1}$ años), mayor que el número grande de Skewes. En cuanto al propio gugolplex, Page ha señalado que es aproximadamente igual al número de

* Madrid, Nivola, Libros y Ediciones, 1999.

estados microscópicos en un agujero negro con una masa tan grande como la de la galaxia Andrómeda.

El indecible, el gugolplex y los números de Skewes son todos ellos colosales en términos de lo que podemos captar verdaderamente en nuestra mente. No obstante, son extremadamente pequeños en comparación con un número que lleva el nombre del matemático estadounidense Ronald Graham, quien lo publicó por primera vez en un artículo de 1977. Como sucediera anteriormente con los números de Skewes, el número de Graham surgió a propósito de un grave problema matemático, en este caso relacionado con una rama de la disciplina denominada *teoría de Ramsey*. La aproximación al número de Graham ha de llevarse a cabo por etapas, como si estuvieras escalando una de las montañas más altas del mundo. El primer paso consiste en conocer un modo de representar los números muy grandes, ideado por el informático estadounidense Donald Knuth, que se designa como *notación flecha*. Se basa en la idea de que la multiplicación puede considerarse una adición reiterada, y la exponenciación (la elevación de un número a una potencia) puede concebirse como una multiplicación reiterada. Por ejemplo, 3×4 es $3 + 3 + 3 + 3$, y $3^4 = 3 \times 3 \times 3 \times 3$. En la notación de Knuth, la exponenciación se expresa mediante una sola flecha hacia arriba: por ejemplo, un gúgol, o 10^{100}, se expresa como $10\uparrow 100$, y 3 elevado al cubo, o 3^3, deviene $3\uparrow 3$. La exponenciación reiterada, para la que no disponemos de notación habitual, se expresa mediante dos flechas hacia arriba, de suerte que $3\uparrow\uparrow 3 = 3^{3\wedge 3}$. La operación $\uparrow\uparrow$, conocida como *tetración* (porque ocupa la cuarta posición en la jerarquía después de la adición, la multiplicación y la exponenciación), es mucho más potente de lo que parece a primera vista: $3\uparrow\uparrow 3 = 3^{3\wedge 3} = 3^{27}$ tiene el valor 7.625.597.484.987.

Otra manera de expresar la tetración es en forma de una torre de potencias, que es la peor pesadilla de los cajistas. La tetración de un número *a* al orden *k* puede escribirse entonces:

$$a \uparrow\uparrow k = a \uparrow \underbrace{(a \uparrow (\ldots \uparrow a))}_{k \text{ copias de } a} = \underbrace{a^{a^{\cdot^{\cdot^{\cdot^{a}}}}}}_{k \text{ copias de } a}$$

En otras palabras, el número *a* se eleva a una pila de exponentes de altura $k - 1$.

El ritmo al que los operadores cobran impulso es asombroso: $3 \times 3 = 9$, $3\uparrow 3 = 27$, $3\uparrow\uparrow 3$ es más de 7,6 billones (un número de trece dígitos). La tetración de 4 es más sorprendente todavía: $4\uparrow\uparrow 4 = 4\uparrow 4\uparrow 4\uparrow 4 = 4\uparrow 4\uparrow 256$, que es aproximadamente $10\uparrow 10\uparrow 154$, un número mayor que un gugolplex ($10\uparrow 10\uparrow 100$). Hemos ido más allá del enorme gugolplex con nada más que una acción simplemente expresada sobre el número 4.

El paso gigantesco de la exponenciación a la tetración sugiere que añadir otra flecha hacia arriba producirá algo más drástico todavía, y estas expectativas no se ven defraudadas. La tetración reiterada, llamada *pentación*, provoca una explosión espectacular del crecimiento. La expresión aparentemente inocua $3\uparrow\uparrow\uparrow 3 = 3\uparrow\uparrow 3\uparrow\uparrow 3 = 3\uparrow\uparrow 7.625.597.484.987 = 3\uparrow 3\uparrow 3\uparrow 3 \ldots \uparrow 3$ es una torre de potencias con 7.625.597.484.987 treses. Si una torre de potencias de altura 4 es suficiente para sobrepasar el gugolplex, pensemos lo que esta es capaz de hacer. Se trata de un número inimaginablemente enorme, imposible de expresar en una vida humana *incluso en la forma de una torre de potencias*. Si se imprimiese como una torre de potencias, llegaría hasta el Sol. Conocido como *tritri*, es muchísimo mayor que cualquier número de los que hemos mencionado hasta ahora, y apenas puede ser siquiera comprendido por nosotros, meros mortales. No obstante, no hemos hecho más que iniciar el proceso. Por grande que sea el tritri, es una insignificante mota de polvo en comparación con la gran cima del número de Graham. La adición de otra flecha hacia arriba nos lleva a $3\uparrow\uparrow\uparrow\uparrow 3 = 3\uparrow\uparrow\uparrow 3\uparrow\uparrow\uparrow 3 = 3\uparrow\uparrow\uparrow$tritri. Examinemos lo que esto significa. Ascendiendo por la torre de potencias de 3, el primero es 3, el segundo es $3\uparrow 3\uparrow 3 = 7.625.597.484.987$ y el tercero es $3\uparrow 3\uparrow 3\uparrow 3 \ldots \uparrow 3$ con 7.625.597.484.987 treses; en otras palabras: el tritri. La cuarta torre de potencias es 3↑3↑3↑3 ... ↑3 con tritri treses, y así sucesivamente; 3↑↑↑↑3 es la tritrigésima torre de potencias. Este es un paso alucinantemente enorme con respecto a las tres flechas hacia arriba. Sin embargo, solamente nos conduce a G_1, el primero de una serie de números G necesarios para alcanzar la cima del propio número de Graham. Habiendo llegado al campamento base G_1, nuestro siguiente objetivo es G_2. Recordemos que cada vez que añadimos *una sola* flecha hacia arriba, se produce un incremento monstruoso en el número sobre el que estamos actuando. Teniendo esto presente, la definición de G_2 es 3↑↑↑↑ ... ↑3 *con G_1 flechas hacia arriba*. Basta con captar vagamente lo que esto significa para experimentar una sensación de vértigo, una vertiginosa idea de cuán grandes pueden ser los números. Una sola flecha adicional provoca un aumento impresionante del tamaño bajo los estándares habituales, pero G_2 tiene G_1 flechas. Y, como puedes suponer, G_3 tiene G_2 flechas, G_4 tiene G_3 flechas, y así sucesivamente. El número de Graham resulta ser G_{64}. La edición de 1980 del *Guinness Book of World Records (Libro Guinness de los récords)* lo reconoció como el número mayor jamás usado en una demostración matemática.

El problema generado por el número de Graham es tremendamente difícil de resolver, pero bastante fácil de enunciar. Graham estaba pensando en los cubos multidimensionales, esto es, los hipercubos en *n* dimensiones. Supongamos que dos esquinas o vértices cualesquiera están unidos por una línea que puede ser de color rojo o azul. La pregunta que Graham hacía era: ¿cuál es el valor mínimo de *n* para que, para cualquiera de estos colores, cuatro vértices pertenezcan todos al mismo plano y todas las líneas entre dos vértices cualesquiera sean del mismo color? Graham logró demostrar que el límite inferior para *n* era 6 y el límite superior era G_{64}. Este rango colosal refleja la dificultad del problema. Graham pudo demostrar la existencia de un valor para *n* que satisficiese las condiciones, pero, como límite superior, tuvo que definir un número ridículamente enorme para demostrar cualquier cosa. Desde entonces, los matemáticos han conseguido reducir progresivamente (en términos relativos) el rango a valores de n comprendidos entre 13 y $9\uparrow\uparrow\uparrow 4$.

El número de Graham, al igual que el gúgol y el gugolplex, es un ejemplo muy citado de un número realmente grande. Pero está también muy mal comprendido. En primer lugar, ya no ocupa ninguna posición próxima al número mayor jamás definido. En segundo lugar, en la búsqueda de formas de representar y definir nuevos récords mundiales de números, no tiene sentido partir del número de Graham y efectuar extensiones elementales de él.

En años recientes, ha brotado una rama de la matemática recreativa conocida como «gugología» *(googology)*, cuyo único objetivo es hacer retroceder las fronteras de los números verdaderamente grandes definiendo y nombrando números enteros cada vez mayores. Ni que decir tiene que cualquiera puede pensar en un número mayor que cualquier número expresado. Si yo digo «el número de Graham», tú puedes decir «el número de Graham más 1» o «el número de Graham elevado a la potencia del número de Graham», o incluso «$G_{64}\uparrow\uparrow\uparrow\uparrow \dots \uparrow G_{64}$ con G_{64} flechas hacia arriba» (que es aproximadamente G_{65}). Sin embargo, todas estas extensiones, que implican el uso reiterado de la misma clase de operadores, no logran obrar un cambio radical: el resultado sigue siendo del estilo del número de Graham. En otras palabras, será un número producido aproximadamente del mismo modo que el propio número de Graham, empleando una combinación similar de trucos. Entre los gugólogos serios, una mezcolanza poco elegante de números y funciones preexistentes que apenas contribuya a agrandar el número grande original se califica de *número ensalada* y se ve con muy malos ojos. El número de Graham toma la notación flecha y la extiende hasta sus límites. En contraste, los números ensalada se limitan a agregar una operación insignificante al número de Graham. Lo que los gugólogos desean no es un incremento ingenuo y modesto de este, sino un sistema completamente nuevo, capaz de extenderse hasta el punto de que el número de Graham se antoje totalmente insignificante. Existe un sistema semejante que puede extenderse indefinidamente. Se conoce como la *jerarquía de crecimiento rápido*, en virtud de las prodigiosas tasas de crecimiento que permite. Más aún, se trata de una técnica bien probada por los matemáticos dominantes, por lo que se emplea con frecuencia en la actualidad como punto de referencia para las nuevas formas de generar números fantásticamente grandes.

Es importante conocer desde el principio un par de aspectos acerca de la jerarquía de crecimiento rápido. La primera es que se trata de una serie de funciones. Una función en matemáticas es simplemente una relación o una regla para convertir las entradas en salidas. Podemos concebir una función como una pequeña máquina que transforma un valor en otro siguiendo siempre el mismo proceso. El proceso puede ser, por ejemplo, «añádase 3 a la entrada». Si designamos la entrada como x y la función como $f(x)$, pronunciado «f de x», entonces $f(x) = x + 3$.

El segundo aspecto clave de la jerarquía de crecimiento rápido es que utiliza números ordinales para indexar las funciones, lo cual significa cuántas veces es preciso llevar a cabo un proceso. Nos topamos con los números ordinales en el capítulo anterior, a propósito del infinito. Los números ordinales nos indican la posición de algo en una lista o el orden de algo en una serie. Pueden ser finitos o infinitos. Todo el mundo está familiarizado con los ordinales finitos, como quinto, octavo, centésimo vigésimo tercero, etcétera. Pero nadie oye hablar de los infinitos a menos que se sumerja más profundamente en las matemáticas. Resulta que, al tratar de alcanzar y definir números extraordinariamente grandes (pero finitos), tanto los ordinales finitos como los infinitos son sumamente útiles. La indexación de funciones con ordinales finitos nos permite abrirnos paso hacia ciertos números razonablemente grandes. Pero la jerarquía de crecimiento rápido alcanza su verdadero potencial cuando explota el poder de los ordinales infinitos para controlar cuántas veces se ejecuta una función.

El punto de partida de la jerarquía es todo lo sencillo que cabe imaginar. Es simplemente una función que añade 1 a un número. Llamemos a esta función inicial f_0. Así pues, si el número al que queremos aplicar la función es n, entonces $f_0(n) = n + 1$. Esto no nos va a conducir pronto a los números grandes (solo cuenta en pasos de 1), por lo que pasaremos a $f_1(n)$. Esta nueva función aplica la anterior a sí misma n veces, es decir $f_1(n) = f_0(f_0(\dots f_0(n))) = n + 1 + 1 + 1 \dots + 1$, con n unos, que arroja un total de $2n$. Una vez más, esto no resulta demasiado impresionante en cuanto a la rapidez con la que puede conducirnos al país de los números gigantes. Pero revela el procedimiento que confiere en última instancia a la jerarquía de crecimiento rápido su inmenso poder: la recursividad.

En el arte, la música, el lenguaje, la informática y las matemáticas, la recursividad adopta toda clase de formas diferentes, pero siempre se refiere a algo que se aplica luego a sí mismo. En ciertos casos, conduce simplemente a un bucle repetitivo interminable. Por ejemplo, tenemos la broma de la entrada del glosario: «Recursividad. Véase *recursividad*». Más complejo es el bucle recursivo que aparece en la litografía de Maurits Escher *Galería de grabados* (1956), que muestra una galería en una ciudad en la que hay una galería en una ciudad en la que... En ingeniería, un ejemplo clásico de recursividad es la retroalimentación o *feedback*, en la cual la salida de un sistema se convierte de nuevo en entrada. Se trata de un problema familiar para los artistas, como los músicos de *rock* en el escenario, y ocurre con frecuencia si un micrófono está situado delante de un altavoz al que está conectado. Los sonidos captados por el micrófono salen del altavoz, una vez amplificados, y luego vuelven a entrar al micrófono a un volumen más alto para ser amplificados de nuevo, y así sucesivamente hasta que enseguida aparece el familiar chirrido ensordecedor de la retroalimentación. La recursividad en matemáticas funciona de una manera similar. Una función ocupa el lugar de un sistema electrónico, como una combinación de micrófono, amplificador y altavoz, y recurre a sí misma, de suerte que reintroduce como entrada su propia salida.

Habíamos llegado a $f_1(n)$ en la escalera de la jerarquía de crecimiento rápido. El siguiente peldaño, representado por $f_2(n)$, aplica simplemente $f_1(n)$ a sí misma n veces. Podemos expresar esto como $f_2(n) = f_1(f_1(\ldots f_1(n))) = n \times 2 \times 2 \times 2\ldots \times 2$ con n doses. Esto equivale a $n \times 2^n$, que es una función exponencial. Introduciendo, por ejemplo, un valor de 100 para n, obtenemos $f_2(100) = 100 \times 2^{100} = 126.765.060.022.822.940.149.670.320.537.600$, o alrededor de 127.000 millones de billones de billones. Si se tratara de un balance bancario, supondría una riqueza mucho más allá de los sueños del propio Bill Gates, pero es mucho menor que algunos de los números, como el gúgol, con los que ya nos hemos topado. También es menor que la mayor demanda de la historia, por una suma de dos sextillones (dos billones de billones de billones) de dólares, presentada el 11 de abril de 2014 por Anton Purisima, residente en Manhattan, tras alegar que le había mordido un perro rabioso en un autobús de Nueva York. En una farragosa denuncia manuscrita de veintidós páginas, acompañada por una foto de un vendaje injustificadamente sobredimensionado en torno a su dedo corazón, Purisima demandaba a la Autoridad de Transporte de la Ciudad de Nueva York, al Aeropuerto de LaGuardia, a Au Bon Pain (donde insistía en que le cobraban de más sistemáticamente por su café), al Centro Médico Universitario Hoboken y a otros centenares por más dinero del que existe en el planeta. Su caso fue sobreseído en mayo de 2017 alegando que «carece de base defendible tanto de derecho como de hecho». Ojalá los conocimientos matemáticos de Purisima no lleguen a la jerarquía de crecimiento rápido, pues de lo contrario podrían seguir demandas aún mayores (ya había demandado previamente a varios bancos importantes, a la Fundación Internacional de Música Lang Lang y a la República Popular China).

La función $f_3(n)$ implica n repeticiones de $f_2(n)$ y conduce a un número ligeramente mayor que 2 elevado a la potencia n a la n a la *n*..., donde la torre de potencias tiene una altura *n*. Esto nos conduce a la etapa de dos flechas hacia arriba, o tetración: la operación con la que nos topamos anteriormente al asaltar el número de Graham. Continuando en la misma línea, $f_4(n)$ implica tres flechas; $f_5(n)$, cuatro flechas; y así sucesivamente, de modo que cada aumento del ordinal en uno provoca el efecto de sumar una flecha más y aumentar el número de flechas a $n - 1$. Esto nos conduce al territorio de los grandes números según los estándares habituales, e incluso según los del litigante Anton Purisima. Pero la mera adición de una flecha cada vez jamás nos llevaría hasta el número de Graham, y menos aún a cualquier cosa inmensamente mayor, en un tiempo razonable. Para ello necesitamos hacer algo un poco inesperado. Para alcanzar números finitos verdaderamente colosales, tenemos que hacer uso de números que son en realidad infinitos.

La clase más pequeña de infinito, como descubrimos en el capítulo anterior, es álef cero, el infinito de los números naturales. Aunque álef cero no puede cambiar de tamaño (es decir, en cuánto contiene), puede variar en longitud dependiendo de cómo se organicen sus contenidos. La longitud más corta de álef cero es el número ordinal infinito conocido como omega (ω). El siguiente más corto es $\omega + 1$, luego $\omega + 2$, $\omega + 3$, y así sucesivamente, sin fin. Estos ordinales infinitos, que se consideran contables porque pueden ponerse en un orden definido, sirven de trampolín para alcanzar algunos de los números *finitos* más grandes jamás concebidos. Para empezar, necesitamos una definición de lo que significa $f_\omega(n)$, la función indexada por el ordinal infinito más pequeño. No podemos sustraer simplemente 1 y aplicar el proceso de recursividad antes mencionado, porque no existe tal cosa como $\omega - 1$. En lugar de ello, *definimos* $f_\omega(n)$ como $f_n(n)$. Ahora bien, aclaremos que no estamos diciendo que $\omega = n$. Lo que estamos haciendo es expresar $f_\omega(n)$ en términos de ordinales (finitos) menores de ω, de modo que podemos reducir la función a una forma que resulte útil para hacer cálculos. Cabría decir que también podemos escribir $f_n(n)$ en lugar de $f_\omega(n)$ y obtener el mismo resultado, pero eso impediría el siguiente paso crucial: el paso en el que se vuelve evidente el inmenso poder de la jerarquía de crecimiento rápido. Tan pronto como pasamos de $f_\omega(n)$ a $f_{\omega+1}(n)$, ocurre algo espectacular. Recordemos que, cuando el número ordinal que indexa la función crece en 1, se aplica la función anterior sobre sí misma n veces. Si el empleo de un ordinal finito da lugar a un número fijo de flechas hacia arriba y el empleo de ω produce n – 1 flechas, entonces el empleo de ω + 1 nos permite aplicar el número de flechas n veces, lo cual equivale a un salto fantástico en la fuerza de la recursividad.

Para entender esto, consideremos la función $f_{\omega+1}(2)$, que es igual a $f_\omega(f_\omega(2))$ utilizando nuestra regla de recursividad. Dado que hemos definido $f_\omega(2)$ como igual a $f_n(2)$, podemos reescribir $f_{\omega+1}(2)$ como $f_\omega(f_2(2))$, simplemente sustituyendo por 2 la ω interior (no podemos calcular el valor de la f_ω exterior hasta que sepamos qué valor adoptará la interior). Resulta que $f_2(2) = 8$, por lo que obtenemos $f_{\omega+1}(2)$, que es igual a $f_\omega(8)$. Finalmente, podemos simplificar la ω exterior y obtener $f_8(8)$, que es un número con siete flechas hacia arriba. Aunque esto muestra cómo puede usarse $f_{\omega+1}$ para aplicarse al número de flechas, no ofrece una impresión clara de la imponente capacidad de la función. Esta solo se pone de manifiesto conforme aumenta n, y el número correspondiente de bucles de retroalimentación crece. Cuando $n = 64$, obtenemos $f_{\omega+1}(64)$, que es aproximadamente el número de Graham. El paso siguiente en la jerarquía de crecimiento rápido, $f_{\omega+2}(n)$, irrumpe en un nuevo territorio, pues vuelve a aplicar sobre sí misma toda la maquinaria utilizada para alcanzar el nivel del número de Graham. El resultado es un número que podemos expresar aproximadamente como $G_{G\ldots 64}$ (con 64 niveles del subíndice G), aunque no existe ninguna esperanza de intentar captar siquiera vagamente lo que esto significa.

Los números ordinales contablemente infinitos se alejan en la distancia, y ofrecen sucesivamente cada uno la base para una función recursiva que empequeñece por completo el poder del precedente. Solo los omega forman una secuencia tan larga que únicamente termina cuando llegamos a omega elevado a una torre de potencias de omega omega. Este enorme número ordinal, conocido como *épsilon cero*, es tan inmenso que no puede describirse dentro de nuestro sistema convencional de aritmética, denominado *aritmética de Peano*. Con cada paso por la senda eterna de omega, el número finito generado por la recursividad aumenta en una cantidad que desafía la comprensión. Pero, más allá de la más elevada torre de potencias de omega, están los niveles cada vez más altos de números ordinales infinitos todavía mayores (primero los épsilon, luego los dseta y así sucesivamente, sin fin), como vimos anteriormente en nuestra exploración del infinito. Estos ordinales cada vez más enormes sirven para conformar grados de retroalimentación cada vez más potentes. Por fin, llegamos a un número ordinal tremendamente grande, conocido como gamma cero (Γ_0) o, más magníficamente, el ordinal de Feferman-Schütte, en honor del filósofo y lógico estadounidense Solomon Feferman y del matemático alemán Karl Schütte, que fueron los primeros en definirlo. Aunque gamma cero sigue siendo contable, y existen ordinales contables más allá de él, para definirlo realmente se requiere el uso de ordinales incontables (unos ordinales que no pueden formarse reorganizando los elementos del álef cero, sino que requieren el álef uno o más elementos). Este proceso recuerda la evolución de la propia jerarquía de crecimiento rápido. Al igual que hemos de recurrir a usar infinitos ordinales en la jerarquía de rápido crecimiento para describir números finitos gigantescos, así también necesitamos recurrir a los ordinales incontables para escribir ordinales contablemente infinitos verdaderamente tremendos. No disponemos de adjetivos para describir adecuadamente el tamaño de los números finitos a los que dan lugar mediante la recursividad el ordinal de Feferman-Schütte y otros más allá de él. Tampoco existe ningún matemático con un cerebro tan grande o la inteligencia suficiente para captar la inmensidad de los números que pueden generar sus técnicas recursivas. Pero eso no les impide idear métodos más potentes todavía para la generación de números grandes. Destaca entre ellos la función ÁRBOL.

Como el nombre sugiere, un árbol en matemáticas puede tener el aspecto de un árbol que crece en la tierra o de un árbol genealógico, cuyas ramas se extienden a partir de un tronco común. Los árboles matemáticos son una variedad especial de lo que en matemáticas se conoce como grafos *(graphs).* Normalmente, el término inglés *graphs* designa los gráficos dibujados en papel cuadriculado, en los que se representa un valor relacionado con otro. Pero los grafos a los que nos referimos en relación con los árboles son diferentes: son formas de representar datos en las que los puntos, llamados *nodos*, se conectan mediante segmentos, llamados *aristas*. Si es posible partir de un nodo, desplazarse a otros nodos siguiendo las aristas, para regresar al nodo inicial sin repetir ninguna arista o nodo, entonces la ruta seguida se conoce como *ciclo*, y se dice que el grafo es cíclico. Si es posible partir de cualquier nodo y desplazarse hasta cualquier otro nodo sin repetir ninguna arista ni ningún nodo por el camino, entonces la ruta seguida se denomina *camino* y se dice que el grafo está conectado. Un árbol se define como un grafo que está conectado, pero carece de ciclos. Tanto los árboles genealógicos como los árboles biológicos poseen esta clase de estructura. Si se asigna un único número o color a cada nodo, entonces se dice que el árbol está *etiquetado*. Por otra parte, si asignamos a un nodo el papel de raíz, tenemos un árbol enraizado. Una propiedad útil de los árboles enraizados es que, para cualquier nodo, siempre podemos trazar un camino de regreso a la raíz.

Ciertos árboles matemáticos, que poseen la misma clase de estructura ramificada que un árbol real, pueden encajar dentro de otros de su categoría. Se dice que están *homeomórficamente incrustados*, lo cual es una manera sofisticada de decir que son similares en su forma o en su aspecto, y uno de ellos es como una versión más pequeña del otro. Por supuesto, los matemáticos lo definen con algo más dc precisión. Parten de un árbol más grande y ven cuánto de este puede podarse mediante un par de métodos diferentes. En primer lugar, si existe un nodo (exceptuando el nodo raíz) al que solo conducen o del que solo parten dos aristas, dicho nodo puede eliminarse y las dos aristas pueden unirse en una sola. En segundo lugar, si dos nodos están unidos por una sola arista, la arista puede contraerse y los dos nodos pueden comprimirse en uno solo. El color de este nuevo nodo es el color de cualquier nodo que estuviera originalmente más cerca de la raíz. Si puede crearse un árbol más pequeño aplicando estos dos pasos en cualquier orden al árbol mayor, se dice que el menor es homeomórficamente incrustable en el mayor. El matemático y estadístico estadounidense Joseph Kruskal demostró un importante teorema a propósito de esta clase de árbol. Supongamos que existe una secuencia de ellos de modo que el primer árbol solo puede tener un nodo, el segundo hasta dos nodos, el tercero hasta tres, y así sucesivamente, y que ningún árbol está homeomórficamente incrustado en ningún árbol subsiguiente. Lo que Kruskal descubrió es que una secuencia semejante siempre tiene que terminar en algún punto. La pregunta es: ¿qué longitud puede tener la secuencia?

En respuesta, el matemático y lógico estadounidense Harvey Friedman, incluido en el *Libro Guinness de los récords* de 1967 como el profesor más joven del mundo (profesor adjunto en Stanford con solo dieciocho años), definió la función árbol, ÁRBOL(n), como la longitud máxima de dicha secuencia. Friedman investigó a continuación la salida de la función para diferentes valores de n. El primer árbol consta de un solo nodo de un color determinado, que no puede usarse de nuevo. Si $n = 1$, este es el único color y la secuencia se detiene inmediatamente, de modo que ÁRBOL(1) = 1. Si $n = 2$, hay un color más. El segundo árbol puede contener hasta dos nodos, por lo que contiene dos nodos de este color. El tercer árbol también ha de contener solamente este color, pero solo puede tener un nodo, pues de lo contrario el segundo árbol sería homeomórficamente incrustable en el tercero. Más allá de eso, ya no son posibles más árboles, por lo que ÁRBOL(2) = 3. La gran sorpresa, como descubrió Friedman, se produce cuando llegamos a ÁRBOL(3). En una súbita explosión de complejidad y proliferación, el número de nodos supera con creces el número de Graham y alcanza el pequeño ordinal de Veblen, ese número extraordinariamente «no pequeño» que mencionamos en nuestros viajes por los diversos infinitos, en la jerarquía de crecimiento rápido.

Tan popular ha llegado a ser la gugología (el intento de definir números cada vez mayores), que ha dado origen a varios concursos. Uno de los primeros fue el Bignum Bakeoff, organizado en 2001 por el joven prodigio de las matemáticas estadounidense David Moews. Los competidores en el Bakeoff tenían el reto de producir el mayor número posible a partir de un programa informático que constaba tan solo de 512 caracteres (ignorando los espacios) en el lenguaje de programación C. Ningún ordenador actual podría completar realmente ninguno de los programas presentados dentro de la vida del universo, por lo que las entradas se analizaban a mano y se ordenaban en función de su posición en la jerarquía de crecimiento rápido. La entrada ganadora fue un programa llamado loader.c, en honor de su creador, el neozelandés Ralph Loader. Para generar la salida final se necesitaría un ordenador con una memoria inviablemente grande y un tiempo descabellado. Ahora bien, si pudiera llevarse a cabo, el resultado sería el número de Loader: un número entero que sabemos que es mayor que ÁRBOL(3) y que algunos otros habitantes heroicos del cosmos del gugólogo, como SCG(13), el decimotercer miembro de una secuencia conocida como *números de grafos subcúbicos* (similar a la secuencia de ÁRBOL, pero compuesta por grafos en los que cada vértice tiene al menos tres aristas).

En 2007, un concurso de números grandes denominado Duelo de los Números Grandes enfrentó a los filósofos y viejos amigos de la escuela de posgrado, Agustín Rayo (alias *el Multiplicador Mexicano*), del MIT, y Adam Elga (alias *Doctor Evil* o *Doctor Maligno*), de Princeton, en un torneo de ida y vuelta, para ver quién era capaz de definir el número entero más colosal. La contienda numérica, que mezclaba la comedia, las enrevesadas maniobras matemáticas, lógicas y filosóficas, y el melodrama de un combate de boxeo por el título mundial, tuvo lugar en una sala abarrotada del Centro Stata del MIT. Elga abrió con optimismo con el número 1, tal vez confiando en que Rayo tuviese un mal día. Pero Rayo contraatacó rápidamente llenando toda la pizarra con unos. Elga borró enseguida una fila cercana al final excepto dos unos, convirtiéndolos en signos factoriales. Entonces prosiguió el duelo, trascendiendo finalmente los límites de las matemáticas familiares, hasta que cada competidor estaba inventando sus propias notaciones para números cada vez mayores. Se cuenta que, en un momento dado, un espectador preguntó a Elga: «¿Es ese número siquiera contable?», a lo que Elga, tras una breve pausa, respondió: «No». Finalmente, Rayo le asestó el golpe decisivo con un número que describió como «el menor número entero positivo mayor que cualquier número entero positivo finito nombrado mediante una expresión en el lenguaje de la teoría de conjuntos de primer orden con un gúgol de símbolos o menos». No sabemos cuán grande es exactamente el número de Rayo y es probable que jamás lleguemos a saberlo. Ningún ordenador podría calcularlo jamás, ni siquiera con acceso a un universo capaz de contener un gúgol de símbolos o más. No es una cuestión de disponer del tiempo y del espacio suficientes: el número de Rayo es incomputable del mismo modo que lo es el problema de la detención.

Por el momento, en lo concerniente a los números enteros más grandes de los que podemos hablar sensatamente, el número de Rayo marca más o menos el límite con lo desconocido. Se han nombrado algunos números mayores, en particular BIG FOOT (PIE GRANDE), que se anunció en 2014. Pero llegar a comprender siquiera vagamente el BIG FOOT significaría penetrar en un

El cartel del Duelo de los Números Grandes del MIT.

extraño territorio conocido como el «montonverso» *(oodleverse)* y aprender el lenguaje de la teoría de montones *(oodle theory)* de primer orden, una aventura que es preferible emprender con un título superior de matemáticas y un irónico sentido del humor. En cualquier caso, los mayores números nombrados hasta la fecha se basan todos ellos en la misma clase de conceptos empleados para alcanzar el número de Rayo.

Para penetrar más hondo en el interminable espacio numérico, los gugólogos han de basarse en los viejos métodos o desarrollar otros nuevos, al igual que el envío de naves espaciales a mayores profundidades del espacio físico depende de los avances grandes y pequeños en la tecnología de propulsión. Por ahora, los buscadores de números grandes probablemente habrán de confiar en los mismos trucos empleados por Rayo, pero aplicarlos a versiones reforzadas de la teoría de conjuntos de primer orden (*first-order set theory*, FOST, por sus siglas en inglés). Por ejemplo, podrían añadir axiomas que permitieran el acceso de la FOST a infinitos todavía más asombrosamente enormes que podrían usarse entonces para generar nuevos números finitos sin precedentes.

Para ser francos, a la mayoría de los matemáticos profesionales no les preocupa demasiado el tema de los números gigantescos por el mero gusto de definirlos, más de lo que pueda preocuparles prolongar los dígitos conocidos de pi. La gugología es una cuestión secundaria, un poco de machismo intelectual, la carrera de automovilismo de los teóricos de los números. Al mismo tiempo, no carece de méritos. Expone los límites de nuestro universo matemático actual, del mismo modo que la observación del espacio con los telescopios más grandes del mundo hace retroceder las fronteras del cosmos físico.

Resulta tentador pensar que estos números enormes como el de Rayo nos acercan al infinito. Pero lo cierto es que no es así. Los números infinitos pueden usarse para generar números finitos, pero, por mucho que ascendamos, jamás existe un punto en el que lo finito se fusione con lo infinito. La verdad es que la búsqueda de números finitos cada vez mayores no nos aproxima más al infinito que el «uno, dos, tres» de nuestra primera infancia.

CAPÍTULO 12

Dóblalo y estíralo a tu antojo

> Los primeros descubrimientos geométricos del niño son topológicos [...]. Si le pides que copie un cuadrado o un triángulo, dibujará un círculo cerrado.
>
> JEAN PIAGET

> La topología es precisamente la disciplina matemática que permite el paso de lo local a lo global.
>
> RENÉ THOM

Hay un viejo chiste que pregunta: «¿Qué es un topólogo?». La respuesta es: «Alguien que no ve la diferencia entre una rosquilla y una taza de café; o, para ser más precisos, a quien no le importa la diferencia». En topología, la forma de una rosquilla y la de una taza de café son equivalentes porque (suponiendo que ambas estuvieran hechas de algo parecido a la arcilla) una podría deformarse progresivamente hasta convertirse en la otra: el asa deformada hasta convertirse en el agujero y la rosquilla y el resto de la taza de café transformados gradualmente en el anillo que lo rodea. *Agujero* tiene aquí un significado específico. Un agujero en topología debe tener dos extremos y atravesar por completo, como sucede en el caso de la forma de la rosquilla o, por darle su nombre formal, el *toro*. Lo que en el lenguaje cotidiano llamamos a veces agujero, como el excavado en el suelo, no es un agujero para un topólogo, ya que no tiene dos aberturas y puede deformarse gradualmente hasta estar completamente relleno. En resumidas cuentas, pues, la topología es el estudio de las propiedades que permanecen invariables si algo cambia de forma sin que se le introduzca un agujero o sin ser cortado. Es una extensión moderna de la geometría que da lugar a muchos resultados extraños y aparece en toda clase de lugares inesperados.

El Premio Nobel de Física de 2016 fue concedido a un trío de científicos británicos, Duncan Haldane, Michael Kosterlitz y David Thouless, por su trabajo sobre los llamados estados exóticos de la materia. Bajo ciertas condiciones, tales como temperaturas muy bajas, un material puede experimentar un cambio de comportamiento súbito e inesperado. Una mañana de febrero de 1980, un físico alemán, Klaus von Klitzing, se hallaba experimentando con una lámina de silicio ultrafina a temperaturas extremadamente bajas en un poderoso campo magnético, cuando notó algo extraño. El silicio había empezado a conducir electricidad solo en paquetes de determinados tamaños: un paquete del tamaño más pequeño, un paquete exactamente dos veces más grande, uno tres veces más grande y así sucesivamente, o nada en absoluto: no había cantidades intermedias, como las que se obtienen con una corriente eléctrica ordinaria. Este fenómeno se conoce como el *efecto Hall cuántico*, y Von Klitzing ganó el Premio Nobel de Física en 1985 por arrojar nueva luz sobre él. Evidentemente, el silicio había saltado a un nuevo estado físico en el que, como sucede cada vez que se produce un cambio de estado, debió de tener lugar una reorganización de los átomos. Sin embargo, los teóricos se afanaban por explicar cómo podía producirse semejante reorganización en una capa de silicio tan fina que los átomos de su interior no disponían de espacio para desplazarse hacia arriba o hacia abajo. Entonces Kosterlitz y Thouless propusieron una idea novedosa. Sugirieron que, a medida que se enfriaba el silicio, se formaban parejas arremolinadas de átomos de silicio y luego se separaban espontáneamente en dos vórtices en miniatura a la temperatura crítica de la transición. Thouless empezó a trabajar en la matemática subyacente a estas transiciones rotatorias y descubrió que la mejor manera de formularla era la topológica. Los electrones del material que experimentaba el cambio estaban formando lo que se conoce como un fluido cuántico topológico, un estado en el que fluían colectivamente solo en números enteros de pasos. Trabajando de manera independiente, Haldane descubrió que estos fluidos pueden aparecer espontáneamente en capas ultrafinas de semiconductores, incluso en ausencia de campos magnéticos fuertes.

Tras el anuncio del premio de 2016 en Estocolmo, un miembro del comité de los Nobel se puso en pie y sacó de una bolsa de papel un panecillo de canela, una rosca de pan y un *pretzel* (sueco). Esos panes se diferenciaban, señaló, en varios sentidos: por ejemplo, en su sabor dulce o salado y en su aspecto general. Pero para un topólogo, solo era relevante una de sus diferencias: el número de agujeros, cero en el panecillo, uno en la rosca y dos en el *pretzel*. Los ganadores del premio, explicó, habían descubierto una forma de conectar la aparición súbita de estados físicos exóticos con los cambios en topología; es decir, la *agujereidad* de las estructuras abstractas subyacentes. Al hacerlo, habían encontrado una aplicación novedosa y tremendamente importante para una disciplina que ha generado algunos de los resultados más sorprendentes en matemáticas.

Tomemos dos copias de la misma fotografía. Pongamos una sobre una mesa y arruguemos la otra como nos apetezca sin llegar a romperla, y coloquémosla en algún lugar sobre la copia no arrugada. Es un hecho ineludible que al menos un punto de la copia arrugada estará directamente encima del punto correspondiente de la fotografía plana (en sentido estricto, la matemática a la que aquí nos referimos se ocupa de las cantidades continuas, mientras que en el mundo real la materia es granulosa, pues está formada por átomos y demás partículas, pero el resultado sigue siendo válido para una aproximación muy buena). Lo mismo sucede en tres dimensiones, por lo que si agitamos un vaso de agua durante el tiempo que deseemos, al menos una molécula de agua seguirá en la misma posición que antes de removerla. El primer matemático que publicó una demostración de esto fue el holandés Luitzen Brouwer, a principios del siglo XX, por lo que se daría en llamar *teorema del punto fijo de Brouwer*.

Otro resultado curioso demostrado por primera vez por Brouwer en 1912, aunque había sido propuesto con anterioridad por el prolífico matemático francés Henri Poincaré, es el *teorema de la bola peluda*, que establece que, por mucho que peinemos una bola enteramente cubierta de pelo, es imposible conseguir que el pelo esté tumbado en todos los puntos: se levantará en algún lugar. Brouwer (al igual que Poincaré) no habló en realidad de bolas peludas, sino de cosas menos sugerentes, como campos vectoriales continuos tangentes a una esfera, que han de tener al menos un punto en el que el vector sea cero (perpendicularmente a la esfera). Pero viene a ser lo mismo. En términos más prácticos, dado que la velocidad del viento a lo largo de la superficie terrestre es un campo vectorial, el teorema garantiza que ha de existir algún lugar del planeta donde no esté soplando el viento. Otro truismo, íntimamente relacionado con el teorema del punto fijo y conocido como el *teorema de Borsuk-Ulam*, tiene algo más que decir sobre las condiciones meteorológicas: en cualquier momento dado, existen dos puntos en lados opuestos del planeta exactamente con la misma temperatura y presión atmosférica. Cabría decir que es probable que esto ocurra con mucha frecuencia por pura casualidad, pero el teorema de Borsuk-Ulam garantiza matemáticamente que esto sucede.

Aún hay otro hecho extraño pero verdadero que se sigue del teorema de Borsuk-Ulam, a saber: el denominado *teorema del sándwich de jamón*. Si hacemos un sándwich de jamón y queso, este resultado dice que siempre es posible cortar el sándwich de tal manera que las dos partes tengan la misma cantidad de pan, queso y jamón. De hecho, ni siquiera tienen que estar en contacto los tres ingredientes: el pan podría estar en la panera, el queso en la nevera y el jamón en la encimera de la cocina. O, para el caso, podrían estar en partes diferentes de la galaxia. Siempre va a haber una rodaja plana (en otras palabras, un plano) que biseque cada uno de ellos.

Todos estos extraños teoremas (del punto fijo, de la bola peluda, de Borsuk-Ulam y del sándwich de jamón) han brotado del suelo fértil de la topología (*tópos* es un término griego que significa «lugar» o «localidad»). Esta es una disciplina de la que no solemos oír hablar en la vida cotidiana. Todo el mundo está familiarizado con la geometría: la disciplina, de antiguos orígenes, que se ocupa de la forma, el tamaño y la posición relativa de figuras tales como los triángulos, las elipses, las pirámides y las esferas. La topología está relacionada con la geometría y también con la teoría de conjuntos, y, como hemos mencionado, trata de las propiedades que permanecen invariables incluso cuando se deforma una figura doblándola o estirándola, propiedades denominadas *invariantes topológicos*. Entre los ejemplos de estos invariantes cabe mencionar el número de dimensiones implicadas y la conectividad, o el número de piezas separadas que componen algo.

Los orígenes de la topología pueden remontarse al siglo XVII, cuando el polímata alemán Gottfried Leibniz planteó la posibilidad de dividir la geometría en dos partes: *geometria situs*, la «geometría del lugar», y *analysis situs*, el «análisis» o «desmontaje del lugar». La primera, que cubre básicamente la geometría que aprendemos en la escuela, trata de conceptos familiares como los ángulos, las longitudes y las formas, en tanto que el *analysis situs* se ocupa de estructuras abstractas que son independientes de dichos conceptos. El matemático suizo Leonhard Euler publicó posteriormente uno de los primeros artículos sobre topología, en el que demostraba que era imposible encontrar un camino alrede-

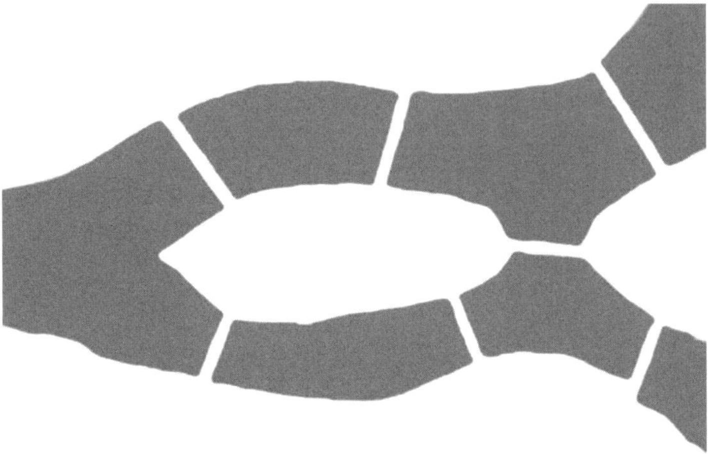

Los siete puentes de Königsberg que cruzan el río Pregolia.

dor de la vieja ciudad portuaria de Königsberg, en Prusia (hoy Kaliningrado, en Rusia), que atravesase cada uno de sus siete puentes exactamente una vez. El resultado no dependía de las medidas, como las longitudes de los puentes o las distancias entre ellos, sino solo de cómo estaban conectados con la tierra, o bien con las islas del río, o bien con las riberas. Descubrió una regla general para solucionar este tipo de problemas y, al hacerlo, dio origen a un nuevo campo de estudio, dentro de la topología, denominado *teoría de grafos*.

Euler descubrió asimismo una fórmula hoy célebre para los poliedros (sólidos tridimensionales con caras poligonales planas): $v - a + c = 2$, donde v es el número de vértices (esquinas), a, el número de aristas, y c, el número de caras. Una vez más, el resultado es topológico porque implica propiedades de formas geométricas que no dependen de las medidas.

Otro pionero en el campo fue August Möbius con sus exploraciones de una banda con un medio giro que hoy lleva su nombre, aunque su compatriota Johann Listing había publicado sus propios hallazgos sobre la banda unos años antes que Möbius, en 1861. Si una tira de papel se gira ciento ochenta grados y luego se

Una banda de Möbius: una figura con una única «cara» cuando se inserta en 3D.

pegan sus extremos, el resultado es una figura con una sola superficie; un hecho fácilmente demostrable dibujando con lápiz una línea por todo el medio de la banda hasta que se una con el punto de partida. La acción de unir sus extremos siguiendo un medio giro convierte la banda de Möbius en algo diferente de una banda ordinaria o de un cilindro abierto a ojos de un topólogo. Cuando se rompe una figura o se unen sus extremos, se convierte en algo topológicamente nuevo. Este hecho conduce a otra característica de la topología: esta es idónea para describir los saltos súbitos en el estado de un sistema, como descubrieron los ganadores del Premio Nobel de Física de 2016.

En la geometría ordinaria, todas las figuras se tratan como si fuesen rígidas y no intercambiables. Un cuadrado es siempre un cuadrado, un triángulo, siempre un triángulo, y el uno nunca puede transformarse en el otro. Las líneas rectas han de seguir siendo perfectamente rectas, y las curvas, seguir siendo curvas. Sin embargo, en topología, se permite que las figuras pierdan su estructura y se vuelvan flexibles mientras permanecen esencialmente igual, siempre y cuando no se corten en ningún punto ni se unan sus partes separadas. Por ejemplo, un cuadrado puede estirarse y deformarse hasta convertirse en un triángulo, pero en términos topológicos permanecerá invariable: se dice que son *homeomorfismos*. Asimismo, ambos son idénticos a los discos (círculos con un interior sólido). En tres dimensiones, un cubo es homeomórfico con respecto a una bola (una esfera con un interior sólido). En otras palabras, la superficie de un cubo es topológicamente idéntica a la de una esfera. Sin embargo, un toro o una figura con forma de rosquilla son fundamentalmente diferentes de una esfera y por mucho que se estiren no llegarán a ser iguales.

El número de agujeros en una figura se designa como su *género*. Así, una esfera y un cubo tienen género 0; una figura ordinaria en forma de rosquilla, género 1; un toro con dos agujeros, género 2; y así sucesivamente. La topología tridimensional también puede tener en cuenta factores más complejos, como la estructura del espacio circundante, que es la que permite que se formen nudos. Paradójicamente, en la teoría de nudos, la mayoría de los nudos que aprendemos a atar no son nudos en absoluto. Un nudo matemático difiere, por ejemplo, del nudo en un cordón de zapato o una cuerda porque sus extremos están unidos, de modo que no puede deshacerse.

Una forma de pensar en un nudo auténtico es como un círculo o cualquier otro bucle cerrado que habita el espacio euclidiano tridimensional. Por mucho que se estire o se retuerza, no podrá desatarse. La única forma de hacer un verdadero nudo (matemático) a partir de un trozo de cuerda es unir sus extremos, por ejemplo, con cinta adhesiva. Mediante este método, el nudo más simple es el nudo trivial o no nudo *(unknot)*, que es un simple bucle. A partir de este, las cosas se complican.

El nudo no trivial más simple es el nudo de trébol, que es el tipo de nudo que la gente suele hacer cuando se le pide que haga un nudo en un trozo de cuerda y luego se unen los extremos. Más complejos son el nudo de ocho o los formados a partir de una combinación de varios nudos básicos. Dos ejemplos comunes son el nudo cuadrado, también conocido como nudo de rizo, y el nudo de la abuela, ambos formados a partir de dos nudos de trébol.

La primera persona que se interesó por los nudos desde un punto de vista matemático fue el alemán Carl Gauss en la década de 1830. Gauss ideó una forma de calcular el número de enlace (un número que, en el caso de dos curvas cerradas en tres dimensiones, nos dice cuántas veces se enrollan entre sí las curvas). Los enlaces, al igual que los nudos, ocupan un lugar central en topología. Los nudos y los enlaces matemáticos surgen también en la naturaleza, por ejemplo, en el electromagnetismo y en la mecánica cuántica, así como en la bioquímica.

Así como existe un no nudo o nudo trivial, existe un no enlace o enlace trivial *(unlink)*, que consiste simplemente en dos círculos separados que no están unidos de ninguna forma. Los nudos son enlaces simples que constan de un solo círculo, pero puede haber enlaces más complejos añadiendo más círculos. El enlace de Hopf, que consta de dos círculos enlazados una vez, debe su nombre al topólogo alemán Heinz Hopf, aunque Gauss lo había estudiado un siglo antes y figura desde hace tiempo en las obras de arte y en el simbolismo. La secta budista japonesa Buzan, fundada en el siglo XVI, lo utilizaba en su cumbrera. Más interesantes son los anillos de Borromeo, que emplean tres círculos. Lo que tienen de inusual, y a primera vista es aparentemente imposible, es que, aunque ninguna pareja de círculos está enlazada de ninguna manera, los tres círculos lo están. Esto significa que, si quitamos cualquiera de los tres anillos sin importar cuál de ellos escojamos, los otros dos pueden separarse entonces con facilidad. El nombre procede de la familia noble italiana Borromeo, que utilizó este enlace como parte de su escudo de armas, pero el símbolo se remonta a la Antigüedad. Aparece en los artefactos vikingos en forma de tres triángulos entrelazados, conocidos como *valknut* (que significa «nudo de la muerte») o triángulo de Odín. El motivo aparece asimismo en varios contextos religiosos, incluidas las decoraciones de las viejas iglesias cristianas, en las que simboliza la Santísima Trinidad.

Los nudos y los enlaces se han encontrado en la propia química de la vida. Las proteínas son bien conocidas por su capacidad de plegarse en determinadas formas específicas, que son cruciales para su funcionamiento en los sistemas biológicos. Lo que sorprendió a los biólogos fue el descubrimiento, a partir de mediados de la década de 1990, de que pueden plegarse hasta llegar a anudarse, formando incluso anillos entrelazados. Los nudos ordinarios requieren algún tipo de entrelazamiento intencionado. Costaba ver que una proteína pudiera autoensamblarse espontáneamente y, al mismo tiempo, arreglárselas para anudarse a sí misma. De hecho, la mayoría de los modelos matemáticos empleados para predecir el resultado del plegamiento de proteínas, basados en consideraciones energéticas, rechazaban explícitamente cualesquiera estructuras anudadas, por considerarlas imposibles. Una cuestión pendiente para los investigadores es entender cómo y por qué se pliegan las proteínas anudadas.

A principios de 2017, un equipo de químicos de la Universidad de Mánchester anunció que había creado el nudo más apretado jamás visto. Formado por 192 átomos enlazados en una cadena, el nudo medía tan solo dos millonésimas de milímetro de diámetro, aproximadamente doscientas mil veces más fino que un pelo humano. Los átomos (de carbono, nitrógeno y oxígeno) formaban un hilo que se cruzaba a sí mismo ocho veces y se enroscaba en una triple hélice circular. Entre cada punto de cruce, la distancia que define lo apretado que está el nudo, había solo veinticuatro átomos.

En el mundo científico se han descubierto otras topologías inesperadas. Una de las más sorprendentes es la banda de Möbius, antes mencionada. En 2012, unos químicos de la Universidad de Glasgow anunciaron que habían transformado una molécula simétrica con forma de anillo en otra asimétrica, añadiendo al anillo una unidad de molibdeno y oxígeno, con la fórmula

Mo_4O_8. El efecto de introducir la nueva unidad fue dar medio giro al anillo, con lo que se produjo una topología de Möbius.

Fabricar una banda de Möbius puede ser literalmente un juego de niños. Pero no sucede lo mismo con otra superficie de una sola cara conocida como *botella de Klein*, en honor del matemático alemán que la describió por primera vez, Felix Klein. Puede que originalmente se llamase *Kleinsche Fläche*, que significa «superficie de Klein», y luego se transcribiese erróneamente como *Kleinsche Flasche*, «botella de Klein». En cualquier caso, este último nombre es el que ha perdurado y puede haber contribuido a dar al objeto un reconocimiento más amplio, a pesar de que «superficie» es una descripción más adecuada.

A diferencia de la banda de Möbius, la botella de Klein no tiene bordes ni límites, una propiedad que comparte con la esfera. Pero, a diferencia de la esfera, la botella de Klein no tiene un interior y un exterior —ambos son idénticos—, porque se trata de una única superficie plegada sobre sí misma. No estamos acostumbrados a esta clase de cuerpos. En el universo real, estamos habituados a que los objetos, tales como las burbujas, las cajas y las botellas de Beaujolais, tengan un interior y un exterior bien definidos, y encierren, por tanto, cierto volumen del espacio. Ahora bien, dado que la botella de Klein no separa el espacio en dos regiones diferentes, no encierra nada y, por consiguiente, tiene volumen cero.

Las esferas, los toros y las bandas de Möbius son todos ellos ejemplos de superficies bidimensionales que pueden «insertarse o incrustarse» en el espacio tridimensional. La inserción o incrustación tiene un significado matemático preciso, pero en términos corrientes puede concebirse como meter un espacio dentro de otro espacio diferente. Es importante recordar que las esferas, las bandas de Möbius, las botellas de Klein y otros objetos geométricos son abstracciones con propiedades que no dependen de la naturaleza del espacio en el que se introducen, es decir, de cuántas dimensiones tenga este, de si es plano o curvo, etcétera. Pero

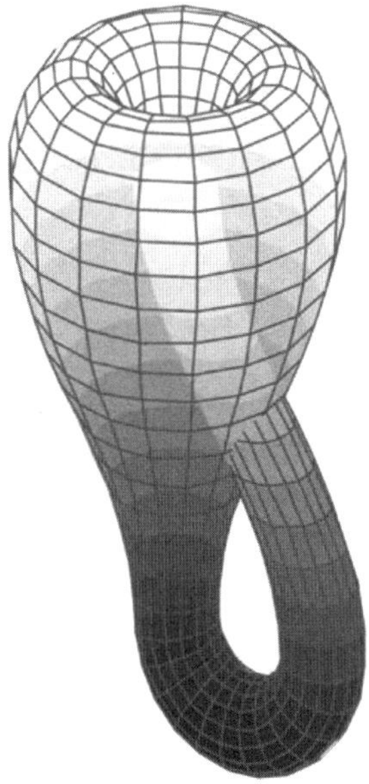

Una botella de Klein inmersa en tres dimensiones. El «interior» y el «exterior» están, de hecho, del mismo lado. Normalmente esto no puede conseguirse (no hay inserción en 3D), por lo que la botella de Klein debe intersecarse a sí misma.

ciertas cosas sobre ellos sí que varían de una inserción o incrustación a otra. Por ejemplo, un toro puede insertarse en tres dimensiones, que es como lo encontramos normalmente, y entonces aparece con un agujero —un auténtico agujero matemático—, y un interior y un exterior.

Puede que algunos lectores tengan la edad suficiente para recordar el juego de máquinas recreativas *Asteroids*. En este, el jugador controla una nave espacial y trata de destruir asteroides rebeldes y platillos volantes que aparecen ocasionalmente. A primera vista, esto no parece tener absolutamente nada en común con el familiar toro de anillo con forma de rosquilla. Sin embargo, en términos topológicos, son una misma cosa: ambos son toroidales. El agujero de una rosquilla es una característica generada por la inserción de un toro en tres dimensiones, y no es una propiedad inherente a todos los toros. En el espacio de *Asteroids*, la topología toroidal subyacente no se manifiesta como un agujero, sino como la capacidad de las cosas que desaparecen por un lado de la pantalla para reaparecer inmediatamente por el lado opuesto. Un toro también puede insertarse en cuatro dimensiones, y uno de los resultados posibles de ello es el *toro de Clifford*, que debe su nombre al matemático victoriano William Kingdon Clifford, que fue asimismo la primera persona que sugirió que la gravitación podía ser un efecto de la geometría del espacio en el que vivimos. A diferencia del toro de anillo que conocemos bien, con su interior y su exterior claramente definidos, el toro de Clifford no divide el espacio, por lo que no puede decirse que tenga un interior y un exterior.

Otro tanto sucede con la botella de Klein. El matemático austriaco-canadiense Leo Moser describió, en forma de quintilla humorística, cómo surgió la idea de esta figura:

> El matemático Klein opina
> que la banda de Möbius es divina:
> intenta pegar
> los bordes de un par
> y obtendrás una botella poco fina.*

Por eso la botella de Klein no tiene bordes: cuando se juntan los bordes de dos bandas de Möbius (una izquierda y otra derecha), forman una superficie continua que está perfectamente conectada en todos los puntos. Otra forma de hacer una botella de Klein es partir de un rectángulo, unir un par de lados opuestos para formar un cilindro y luego unir los otros dos lados tras hacer un medio giro. Este segundo paso, aunque parezca simple, en rea-

* *A mathematician named Klein / Thought the Möbius band was divine. / Said he: «If you glue / The edges of two, / You'll get a weird bottle like mine».*

lidad es imposible en tres dimensiones. Se necesita el acceso a una cuarta dimensión para que la superficie pueda atravesarse a sí misma sin un agujero. Esa pequeña dificultad no impide que se construyan modelos tridimensionales de botellas de Klein que son representaciones bastante exactas, aunque no del todo. Expertos destacados en este arte son Clifford Stoll, de Oakland, California, que dirige la empresa Acme Klein Bottle, y Alan Bennett, de Bedford, Inglaterra, que creó una serie de botellas de Klein, análogas a las bandas de Möbius, con números impares de giros mayores que 1, para el Museo de Ciencias de Londres. Lo que estos artesanos han creado es conocido por los matemáticos como *inmersiones* tridimensionales de las botellas de Klein. La distinción entre una inmersión y una inserción o incrustación *(embedding)* es técnica, pero se resume en que un modelo tridimensional (una inmersión) de una botella de Klein siempre tendrá un punto de autointersección en el que la superficie se atraviese a sí misma. Una botella de Klein auténtica carece de semejante autointersección, y, de hecho, no hay ninguna en una inserción o incrustación tetradimensional de ella.

Otra característica importante de la botella de Klein, y de cualquier superficie, es su orientabilidad. La mayoría de las superficies con las que nos encontramos en el mundo físico se dice que son *orientables*. Lo que esto significa es que, si dibujáramos una pequeña flecha circular en la superficie, apuntando, o bien en el sentido de las agujas del reloj, o bien en el sentido contrario, y luego deslizásemos la flecha por toda la superficie hasta regresar al punto de partida, seguiría apuntando en la misma dirección. Esto sucedería en una esfera o en un toro, por ejemplo, por lo que estas superficies son orientables. Pero si probásemos el mismo experimento con una botella de Klein o una banda de Möbius, la flecha habría invertido su dirección porque estas superficies no son orientables.

Los topólogos pasan mucho tiempo revoloteando en su imaginación por espacios de diferentes dimensiones. Por consiguiente, han inventado su propio vocabulario para ser capaces de generalizar acerca de las cosas cuando saltan de unas dimensiones a otras. *Inserción* o *incrustación* e *inmersión* son términos manejados al respecto; otro es *variedad*, que es una generalización del término *superficie* a otras dimensiones. Por definición, las superficies son bidimensionales, por lo que en lugar de decir «superficie 2D» (que es una tautología) deberíamos decir en realidad «variedad 2D». Las esferas, los toros, las bandas de Möbius y las botellas de Klein son todos ellos ejemplos de variedades 2D. Los tres primeros pueden insertarse en 3D, pero no así la botella de Klein. Las líneas y los círculos son variedades 1D, y, aunque no podamos visualizarlas adecuadamente, existen variedades 3D, variedades 4D, y así sucesivamente. Una de las variedades 3D más simples es la 3-esfera. Al igual que una esfera ordinaria, o 2-esfera, es una superficie que forma el límite de una bola en tres dimensiones, una 3-esfera es un objeto con tres dimensiones que forma el límite de una bola en cuatro dimensiones. No podemos imaginar adecuadamente cómo sería el equivalente en 3D de una superficie, y menos aún los límites en números de dimensiones aún mayores. Pero, a pesar de este hándicap, los matemáticos disponen de todas las herramientas necesarias para abordarlos.

Los trabajos en dimensiones superiores deparan algunas sorpresas. En 4D, por ejemplo, los círculos no pueden enlazarse y los nudos ordinarios no existen. Lo mismo sucede en todas las dimensiones superiores. En el espacio tetradimensional ocurre algo sumamente extraño: las propias esferas pueden anudarse. No podemos visualizar tal cosa, pero la idea de que los círculos se anuden sin autointersecarse sería imposible de imaginar para los seres bidimensionales.

Como todas las demás áreas de las matemáticas, la topología es una disciplina dinámica en la que todos los años se hacen nuevos descubrimientos, y sigue habiendo problemas, viejos y nuevos, pendientes de resolver. Una de las nociones más importantes de la topología, y de las matemáticas en su conjunto, se denomina *conjetura de Poincaré*. Su importancia no obedece a ninguna aplicación práctica evidente. Hasta donde sabemos, no nos ayudará a llegar a Marte más rápido ni a encontrar una cura para el envejecimiento. Su interés para los matemáticos es puramente teórico, como parte del esfuerzo por clasificar superficies de dimensiones superiores o variedades.

La conjetura fue expuesta por primera vez en 1900 por Henri Poincaré, uno de los fundadores de la topología como una disciplina precisa, a quien algunos consideran el «último universalista», toda vez que era un experto en todas las áreas de las matemáticas, tal como existían durante su vida. Poincaré ideó una técnica llamada *homología*, que, en términos generales, es una forma de definir y categorizar los agujeros en variedades. Esto no resulta tan sencillo como pudiera parecer, puesto que los agujeros matemáticos pueden ser cosas escurridizas difíciles de detectar y de contar como si fueran, pongamos por caso, los de un *pretzel* o un calcetín viejo. El espacio bidimensional de *Asteroids*, por ejemplo, es topológicamente equivalente a un toro, si bien un toro parece tener claramente un agujero, mientras que el espacio de *Asteroids* no parece tener ninguno. Tengamos presente que los agujeros matemáticos son cosas abstractas que pueden ser más difíciles de imaginar que, por ejemplo, el agujero de una rosquilla, y, asimismo, que están rodeados por *bucles*, por lo que la homología puede definirse también como una manera de analizar los diferentes tipos de bucles en las variedades.

La conjetura original de Poincaré era que la homología era suficiente para decir si cualquier variedad tridimensional dada era topológicamente equivalente a una 3-esfera. No obstante, unos años después, él mismo refutó esta idea al descubrir la esfera de homología de Poincaré, que no es una auténtica 3-esfera, pero tiene la misma homología que esta. Tras posteriores investigaciones, reformuló su conjetura de una forma nueva. En lenguaje sencillo, dice que cualquier espacio tridimensional finito, siempre y cuando no tenga agujeros, puede deformarse continuamente hasta convertirse en una 3-esfera. Pese a los muchos esfuerzos a lo largo del siglo XX, la conjetura no llegó a demostrarse. Se consideró tan importante que, en 2000, el Clay Mathematics Institute lo incluyó entre los siete problemas fundamentales cuya solución se premiaría con un millón de dólares. Tres años más tarde, el matemático ruso Grigori Perelman demostró que la conjetura era correcta como consecuencia de su demostración de un problema íntimamente relacionado, denominado *conjetura de geometrización de Thurston*.

En 2005, Perelman fue galardonado con la Medalla Fields, posiblemente la distinción más prestigiosa en matemáticas y equiparada con frecuencia a un Premio Nobel. Después, en 2010, llegó el anuncio de que había cumplido los criterios para el premio del Clay Institute, dotado con un millón de dólares. Sin embargo, Perelman rechazó ambos premios, aparentemente por motivos éticos. En primer lugar, a su juicio, no reconocían las importantes contribuciones de otras personas, principalmente del matemático estadounidense Richard Hamilton, en cuyos trabajos se había basado Perelman. Asimismo, estaba descontento con lo que se le antojaba una falta de buena conducta por parte de algunos investigadores, especialmente los matemáticos chinos Zhu Xiping y Huai-Dong Cao, quienes, en 2006, publicaron una verificación de la demostración de Hamilton-Perelman, pero parecían insinuar que la demostración era en realidad su propio trabajo. Más tarde se retractaron de su artículo original, titulado «A Complete Proof of the Poincaré and Geometrization Conjectures: Application of the Hamilton-Perelman Theory of the Ricci Flow» [Una demostración completa de las conjeturas de Poincaré y de geometrización: aplicación de la teoría de Hamilton-Perelman sobre el flujo de Ricci], y publicaron otro con pretensiones más modestas. Pero el daño ya estaba hecho, por lo que respectaba a Perelman: se sentía consternado por su comportamiento, así como por la falta de crítica por parte de otros profesionales del campo. En una entrevista concedida a *The New Yorker* en 2012, decía: «Cuando no era una persona notoria, podía elegir. O bien hacer algo desagradable [armar un escándalo por las violaciones éticas que percibía], o bien, si no hacía tal cosa, ser tratado como una mascota. Ahora, al alcanzar mucha notoriedad, no puedo seguir siendo una mascota sin decir nada. Por eso tenía que marcharme». No está claro si Perelman se ha retirado definitivamente de las matemáticas o si está trabajando silenciosamente en otros problemas. Desde luego, no es alguien a quien le guste estar en el candelero. «No me interesan ni el dinero ni la fama —dijo cuando le concedieron el premio del Clay Institute—. No quiero que me exhiban como a un animal en un zoo.» Sin embargo, su lugar en la historia está asegurado, al haber resuelto una de las cuestiones más importantes y difíciles de la topología.

Otro célebre asunto que incomoda a los topólogos responde al nombre de *conjetura de la triangulación*, que también ha sido resuelta recientemente, si bien esta vez en forma de refutación. En lenguaje sencillo, la cuestión es si todo espacio geométrico puede dividirse o no en trozos más pequeños; la conjetura de la triangulación propone que sí se puede. En el caso de una esfera, por ejemplo, es posible cubrir completamente su superficie con triángulos. Un icosaedro regular (un poliedro de veinte caras formado por triángulos equiláteros) es una tosca aproximación a una esfera, pero podemos mejorarla indefinidamente utilizando tantos triángulos como queramos y de cualquier tipo. Un toro puede «triangularse» de la misma forma. Un espacio tridimensional puede descomponerse en un número arbitrario de tetraedros. Ahora bien, ¿es posible triangular objetos geométricos en todas las dimensiones superiores con los equivalentes de un triángulo en dimensiones superiores? En 2015, Ciprian Manolescu, un profesor de Matemáticas rumano de la Universidad de California en Los Ángeles, logró demostrar que no es posible hacerlo. Manolescu —quien fuera niño prodigio y es la única persona que ha cosechado jamás tres puntuaciones perfectas en la Olimpiada Internacional de Matemáticas— se topó por primera vez con el problema de la triangulación durante sus estudios de posgrado en Harvard, a comienzos de la década de 2000. Por entonces lo descartó como «un problema inabordable», pero años más tarde se percataría de que una teoría sobre la que había escrito en su tesis doctoral, acerca de algo llamado *homología de Floer*, era justo lo que necesitaba para resolver la cuestión. Al aplicar sus trabajos previos, logró demostrar que existen algunas variedades heptadimensionales que no tienen triangulación, con lo que refutó la conjetura de la triangulación. Se trataba de una proeza extraordinaria, dado que, mediante otros métodos, incluso los espacios de cuatro dimensiones siguen siendo demasiado complejos para analizar con respecto a su triangulación.

A principios de la década 1980, el geómetra estadounidense William Thurston, que murió en 2012, concibió un proyecto que identificaría todas las variedades tridimensionales. En dos dimensiones esto se había hecho ya. Las variedades bidimensionales son la esfera, el toro, el toro de dos agujeros, el toro de tres agujeros, y así sucesivamente. A estas podemos añadir las superficies no orientables, como la botella de Klein y el plano proyectivo (formadas pegando los bordes de dos bandas de Möbius, cada una imagen especular de la otra). Thurston utilizó una técnica que posibilitó la representación de muchas de estas variedades bidimensionales mediante polígonos. Por ejemplo, si tomamos un cuadrado y unimos sus lados opuestos, el resultado es un toro. El toro de dos agujeros es más difícil de construir, pero Thurston encontró un modo de hacerlo. Representó un toro de dos agujeros uniendo ciertos pares de lados de un octógono, que está inserto en el plano hiperbólico. Esta inserción evita una dificultad que surgiría si el octógono fuese euclidiano. En este caso, el toro de dos agujeros tendría un solo punto en común con todos los vértices del octógono, cuyos ángulos sumarían 1.080, y no 360, como se requiere. En la geometría hiperbólica (una geometría sobre superficies con forma de silla de montar o, más precisamente, unas superficies que se curvan en sentido opuesto al de la esfera y con una curvatura constante), los octógonos del tamaño correcto pueden tener ángulos de 45 grados, solucionándose de este modo el problema.

Thurston trató de hacer algo similar en tres dimensiones. En 2D existen tres tipos de geometrías uniformes: elíptica, euclidiana e hiperbólica. Las geometrías elíptica y euclidiana pueden insertarse fácilmente en el espacio, pero no así la geometría hiperbólica, razón por la cual esta no se descubriría hasta mucho más tarde. En 3D, estas tres geometrías tienen un equivalente, pero también existen otras, hasta sumar un total de ocho geometrías. De estas, la hiperbólica es la más compleja y la más difícil de manejar, al igual que sucede en 2D. En 2012, Ian Agol logró enumerar todas las variedades hiperbólicas (el único caso no resuelto por entonces). Sus métodos implicaban técnicas que a primera vista no parecían guardar relación alguna con el problema original, como el uso de complejos formados por cubos de varias dimensiones y el análisis de los hiperplanos que bisecan estos cubos. Estas variedades poseen aplicaciones reales. Por ejemplo, algunos cosmólogos han sugerido que la geometría del universo en su conjunto es elíptica y es una variedad finita, que posee la estructura de un dodecaedro con ciertas caras identificadas. Esta variedad puede clasificarse mediante las técnicas de Agol.

Por supuesto, sigue habiendo muchos problemas sin resolver en topología, y quizá siempre los haya, dado que, conforme retroceden los límites de lo conocido, revelan más el alcance de nuestra ignorancia. Pero la topología ya no es la disciplina especializada y aparentemente poco práctica que era hace un siglo o más. Tiene un sinfín de aplicaciones en el mundo real, entre las que se incluyen la robótica, la física de la materia condensada y la teoría cuántica de campos, y sus ideas pueden encontrarse actualmente en casi todas las áreas de la matemática.

CAPÍTULO 13

Dios, Gödel y la búsqueda de la demostración

> No utilizo el término «prueba» *(proof)* en el sentido de los abogados, que equiparan dos medias pruebas a una entera, sino en el sentido matemático, donde media prueba es igual a cero; en una demostración se exige que toda duda se torne imposible.
>
> CARL FRIEDRICH GAUSS

> La prueba o demostración es un ídolo ante el cual se tortura el matemático.
>
> ARTHUR EDDINGTON, *La naturaleza del mundo físico*

La matemática es la única disciplina en la que es posible la certeza absoluta. Cabe demostrar la verdad de los enunciados y los teoremas sin ningún atisbo de duda, y estas verdades perdurarán eternamente. Por eso los matemáticos están tan obsesionados con la demostración. Una vez demostrado algo con rigor, podemos añadirlo, con total confianza, a lo que ya conocemos y puede servir de fundamento firme para las investigaciones futuras. Solo hay una nube, persistente y frustrante, en el cielo matemático, por lo demás despejado: el conocimiento de que siempre habrá cosas que puedan decirse, en cualquier sistema de las matemáticas, cuya verdad o falsedad no pueda demostrarse desde dentro de dicho sistema.

En torno a 1941, el lógico austriaco Kurt Gödel, amigo íntimo de Albert Einstein en el Institute for Advanced Study de Princeton, demostró que Dios existe. A diferencia de Einstein, que vacilaba entre el agnosticismo y el panteísmo, y que en cierta ocasión dijo que creía en «el Dios de Spinoza», Gödel era un teísta que no iba a la iglesia y que, según su mujer, «leía la Biblia en la cama todos los domingos por la mañana». La demostración que publicó sobre la existencia de Dios, sin embargo, no tenía nada que ver con sus raíces luteranas ni con nada que pueda resultar familiar a la gente común. Era en buena medida un producto de su mente matemática, intelectualmente elevada. Su primera línea afirma:

$$\{P(\varphi) \wedge \Box\, \forall x[\varphi(x) \rightarrow \psi(x)]\} \rightarrow P(\psi)$$

Lo que sigue no resulta mucho más claro. Y remata:

$$\Box \exists x G(x)$$

Para nosotros, meros mortales, esto se traduce como: «Existe necesariamente algo divino».

Huelga decir que la demostración de Gödel no quedó sin respuesta y, aunque esté envuelta en la notación formal de lo que se denomina *lógica modal*, que le confiere un aspecto impresionantemente riguroso, implica muchas suposiciones dudosas que son puramente una cuestión de opinión. No ocurre lo mismo con otros resultados por los que Gödel es más conocido, muy especialmente sus teoremas de la incompletitud que conmocionaron al mundo, y sobre los que volveremos más adelante.

«Prueba» o «demostración» *(proof)* significa cosas diferentes para personas diferentes. En la profesión jurídica, presenta diversas variantes en función del tipo de caso y del tribunal implicado.

Kurt Gödel.

En derecho, la prueba o demostración en realidad se reduce a las evidencias, cuya cantidad o calidad, necesaria para satisfacer a un juez o a un jurado, varía en las causas civiles y las penales. En las causas civiles, se emite un juicio basado en el cálculo de probabilidades: un juez puede condenar si llega a la conclusión de que «es lo más probable» o «existe una sospecha fundada». En las causas penales angloamericanas, se presupone la inocencia del acusado salvo que se demuestre que es culpable, lo cual significa que no basta con que sea probablemente culpable, sino que ha de ser culpable «más allá de toda duda razonable».

Los científicos, al igual que los abogados, trabajan más con evidencias que con demostraciones. De hecho, los científicos actuales son bastante modestos en sus afirmaciones y evitan hablar de «demostración» o de «verdad» en cualquier sentido absoluto. La ciencia consiste esencialmente en hacer observaciones, proponer las teorías que encajen mejor con los datos, y, a continuación, someter a prueba esas teorías mediante nuevas observaciones y experimentos. Las teorías científicas son siempre provisionales, tan solo las mejores ideas del momento para explicar cómo parece funcionar el mundo. Si se confirma una sola observación nueva que contradiga la teoría, basta para echarla por tierra definitivamente. Consideremos la gravedad, por ejemplo. Aristóteles estaba convencido de que los objetos más pesados caen más deprisa que los más ligeros. Después de todo, si dejamos caer una piedra y una pluma al mismo tiempo, la piedra gana fácilmente la carrera hasta el suelo. Fueron precisos ciertos experimentos ingeniosos —y un intervalo de casi dos mil años— para demostrar que Aristóteles estaba equivocado. Existe un atractivo mito según el cual, en 1589, Galileo socavó fatalmente las viejas ideas sobre la gravedad cuando subió a lo alto de la torre inclinada de Pisa, dejó caer al mismo tiempo dos balas de cañón de diferente peso, y observó que llegaban al suelo simultáneamente. Probablemente nunca sucedió tal cosa: la única fuente primaria al respecto es una mención en la biografía de Galileo escrita por uno de sus discípulos, Vincenzo Viviani, y publicada mucho tiempo después de la muerte de Viviani. Lo que ciertamente ocurrió es que Galileo experimentó con bolas de diferente peso rodando por planos inclinados; una manera elegante de atenuar los efectos de la gravedad con el fin de hacer mediciones precisas de las velocidades a las que caen los objetos. Los resultados de Galileo, junto con los del astrónomo alemán Johannes Kepler, fueron utilizados por Isaac Newton para proponer una nueva teoría de la gravedad. Esta es la que todavía se enseña en las escuelas, la que ayuda a los planificadores de las misiones a trazar rutas para las naves espaciales por el sistema solar y la que funciona bien, básicamente, en casi todas las situaciones en las que es necesario conocer cuáles serán los efectos de la gravedad. Casi. El problema es que no ofrece resultados exactos en todos los casos. La teoría de la gravitación universal de Newton es una aproximación buenísima, tan buena que normalmente no advertimos que sus predicciones difieren de la realidad. Pero no es más que eso: una aproximación. En 1915, Einstein publicó su teoría general de la relatividad, que es la mejor teoría de la gravedad de la que disponemos actualmente. Explica cosas que la teoría de Newton es incapaz de explicar, como la órbita cambiante de Mercurio, la flexión de la luz de las estrellas al pasar cerca del Sol y las situaciones en las que la atracción gravitatoria es extrema, como en las inmediaciones de un agujero negro. Nadie cree que la teoría general de Einstein sea la última palabra sobre la gravedad. No puede serlo, ya que no explica cómo actúa la gravedad en el mundo de lo extremadamente pequeño, donde entra en juego la mecánica cuántica. Ha de haber alguna teoría que una la teoría cuántica y la gravedad, aunque no hayamos dado con ella todavía.

La conclusión es que, aunque es posible mostrar que una teoría científica es falsa —o, en el mejor de los casos, una mera aproximación—, es imposible demostrar que es verdadera en todas las circunstancias. Siempre pueden aguardarnos descubrimientos futuros de los que nada sabemos, que vengan a torpedear la mejor descripción teórica que hoy somos capaces de proponer. Pero en matemáticas la historia es completamente diferente.

La demostración mora en el corazón de todas las matemáticas. No es algo que encontremos demasiado en el colegio, donde el énfasis se pone en la resolución de problemas. Pero en las matemáticas de alto nivel, la demostración es la reina y la meta última de todos los investigadores del campo. Las teorías matemáticas pueden ser demostradas sin la menor sombra de duda, y, una vez demostradas, nunca cambian. Por ejemplo, el teorema de Pitágoras, referido a los lados de los triángulos rectángulos, se ha demostrado con certeza: es imposible que alguien descubra alguna vez que es falso, dados ciertos supuestos de los que hablaremos en un instante. De hecho, de todas las áreas de la investigación humana, las matemáticas y su prima, la lógica, son las únicas que hacen posible la certeza más allá de toda duda.

Al igual que los científicos, los matemáticos pueden buscar en principio indicios de algo —quizá una regla en geometría o un patrón entre números—, antes de proponer una teoría que unifique dichos indicios. Pero, a diferencia de las ciencias, no existe ningún ciclo interminable de mejora constante de la teoría en virtud de los nuevos datos. Por muchas veces que una teoría matemática supere las pruebas en diferentes situaciones o utilizando distintos valores, jamás se aceptará su verdad hasta que alguien aporte una demostración rigurosa que pueda revelarse exenta de fallos. El hecho mismo de que sean posibles semejantes demostraciones significa que los matemáticos no se sienten particularmente impresionados por los meros indicios.

La historia de la demostración comienza en la Grecia antigua. Antes de eso, las matemáticas eran esencialmente una disciplina práctica, empleada en el cálculo, la construcción, etcétera. Había reglas aritméticas y reglas generales que se aplicaban a las figuras y a los espacios, pero nada más complejo. La demostración empezó a surgir en torno al siglo VII a. C., con las actividades de uno de los primeros filósofos naturales conocidos, Tales de Mileto. Tales, cuyos intereses abarcaban casi todas las disciplinas, incluidas la filosofía, la ciencia, la ingeniería, la historia y la geografía, demostró algunos de los primeros y simples teoremas de la geometría. Su compatriota Pitágoras, nacido aproximadamente medio siglo después, es más famoso para la mayoría de la gente por el teorema que lleva su nombre. Es imposible determinar si él o sus discípulos fueron los primeros en ofrecer algún tipo de demostración del teorema de Pitágoras, ya que no se conserva ningún registro escrito de semejante demostración de aquella época. Los babilonios y otros sabían de la existencia de la regla (que el cuadrado del lado más largo de un triángulo rectángulo es igual a la suma de los cuadrados de los otros dos lados) y la aplicaban en sus proyectos de construcción. Pero ignoramos quién fue el primero en demostrarla y de qué forma exactamente. Para los estándares posteriores, habría sido ciertamente una demostración informal. Los pitagóricos estuvieron implicados asimismo en el descubrimiento de los números irracionales, que no pueden expresarse como un número entero dividido entre otro. Una vez más, es difícil rastrear las raíces de la idea, pero se propagó el mito de que un miembro del culto pitagórico, Hipaso, demostró de alguna forma que la raíz cuadrada de 2 no podía expresarse como una fracción. Tan abominable se antojó este descubrimiento a otros miembros del culto, que supuestamente ahogaron a Hipaso, a fin de preservar en secreto el defecto de su cosmovisión. No obstante, las escasas fuentes antiguas que cuentan la historia de un ahogamiento, o bien no mencionan a Hipaso por su nombre, o bien relatan que fue ahogado a causa de otro delito: la blasfemia de mostrar que puede construirse un dodecaedro dentro de una esfera.

La demostración matemática dio un paso de gigante, y alcanzó aproximadamente la forma en la que hoy la conocemos, gracias a los trabajos de otro griego, Euclides, que vivió en Alejandría (Egipto), en torno al comienzo del siglo III a. C. En su obra *Elementos* estableció las bases de la teoría de la demostración moderna, mediante su uso de una combinación de ciertos supuestos básicos que se consideran evidentemente verdaderos, y el razonamiento paso a paso, donde se ve que cada paso, a partir de uno o más de los supuestos básicos, se sigue lógica e irrefutablemente del anterior.

Elementos trata esencialmente de geometría y ofrece, por primera vez, demostraciones rigurosas de muchos de los teoremas geométricos ya conocidos por los griegos. Euclides parte de cinco supuestos fundamentales, que llegarían a conocerse como *postulados de Euclides*. Por ejemplo: «Entre dos puntos cualesquiera puede trazarse un segmento de recta» o «Un segmento de recta se puede extender indefinidamente». Estos postulados, que hoy llamaríamos *axiomas*, se consideran tan obviamente verdaderos que no necesitan ser demostrados. E incluso si se ofreciese alguna demostración de ellos, esta implicaría hacer otras suposiciones. El hecho es que hemos de partir de algún sitio. Una vez establecidos sus postulados, Euclides razonaba a continuación línea a línea, de suerte que cada línea se seguía de la anterior con una lógica irrefutable, hasta obtener una demostración completa de algún teorema. Entonces podía usar estos teoremas para demostrar otros teoremas, y así sucesivamente, de una manera completamente ordenada y gradual, que sus lectores podían seguir y comprobar con facilidad.

La geometría expuesta en *Elementos* —la geometría euclidiana— apenas fue cuestionada durante más de mil años. Pero luego algunos matemáticos empezaron a cuestionar una de las proposiciones en las que se basa esta gran obra. Los cuatro primeros postulados de Euclides son simples, sencillos y nada controvertidos, pero el quinto, que se conoce como *postulado de las paralelas*, es más complicado y no tan evidente. Euclides lo formuló originalmente así: «Si una línea recta corta a otras dos, de tal manera que la suma de los dos ángulos interiores del mismo lado sea menor que dos rectos, esas dos rectas, prolongadas indefinidamente, se cortan por el lado en el que están los ángulos menores que dos rectos». Posteriormente, los matemáticos hallaron formas menos enrevesadas de decir lo mismo; por ejemplo, el escocés John Playfair propuso esta formulación equivalente del postulado de las paralelas: «En un plano, dada una línea y un punto que no está en ella, a lo sumo se puede trazar por el punto una línea paralela a la línea dada». El postulado de las paralelas es equivalente asimismo a otros varios enunciados, de los que el más fácil de entender es probablemente que los ángulos de un triángulo suman ciento ochenta grados. Pero, en cualquiera de sus versiones, el quinto postulado parece menos evidente y más artificioso que los otros cuatro y, entre los matemáticos posteriores, se propagó la sospecha de que podría ser posible demostrar el quinto postulado a partir de los cuatro primeros. Más de mil años después de Euclides, algunos matemáticos árabes empezaron a cuestionar la propia validez del postulado de las paralelas y ofrecieron los primeros indicios de que podía haber algo más allá de la geometría de *Elementos*.

En la primera mitad del siglo XIX, tres matemáticos, el húngaro János Bolyai, el ruso Nikolái Lobachevski y el alemán Carl Gauss, se percataron de que, si se eliminase el postulado de las paralelas, el resultado no sería un fracaso de la geometría de Euclides, sino una clase de geometría totalmente nueva. Esta se dio en llamar *geometría hiperbólica*, del término griego para «demasiado», en el sentido de que tenía demasiado espacio para la superficie plana de Euclides. La geometría hiperbólica tiene una curvatura negativa constante, lo cual significa que se curva en el sentido opuesto al de una esfera y a un ritmo fijo. En la geometría hiperbólica, los ángulos de un triángulo suman menos de ciento ochenta grados y el teorema de Pitágoras ya no se sostiene. Esto no quiere decir que la geometría euclidiana sea falsa ni que exista algún error en la demostración del teorema de Pitágoras ofrecida por Euclides. Con los axiomas propuestos por Euclides, ha quedado demostrada para siempre la verdad del teorema de Pitágoras. Ahora bien, si se modifican estos axiomas, surgen diferentes formas de geometría en las que son aplicables diferentes teoremas. La sustitución del quinto postulado por su negación genera una geometría totalmente nueva: la geometría hiperbólica. Y este mismo efecto es aplicable a cualquier sistema matemático: la modificación de los axiomas subyacentes inaugura un nuevo ámbito matemático en el que entran en juego diferentes reglas. Cabe demostrar que el teorema de Pitágoras es verdadero utilizando el conjunto de axiomas (los cinco postulados) definidos por Euclides. Pero si rechazamos el quinto postulado, el resultado es una geometría no euclidiana en la que el teorema de Pitágoras es falso. Los matemáticos descubrieron otro tipo de geometría que también rechaza el postulado de las paralelas, pero que, además, requiere la modificación del segundo postulado, de suerte que las líneas rectas no puedan extenderse indefinidamente, como en la superficie de una esfera. Este segundo tipo de geometría no euclidiana se conoce como geometría elíptica y tuvo como pionero al alemán Bernhard Riemann.

Euclides mostró al mundo cómo hacer demostraciones matemáticas de forma adecuada y precisa. Asimismo, mostró que era posible usar el mismo conjunto de axiomas definidos en un campo para abarcar todas las matemáticas. Después de *Elementos* escribió otros libros en los que aplicaba sus cinco postulados a la demostración de varios teoremas ajenos a la geometría. Por ejemplo, una vez reformulados estos postulados para tornarlos aplicables a la teoría de los números, fue capaz de demostrar la existencia de infinitos números primos (números divisibles solo por sí mismos y por uno). Los matemáticos actuales adoptan este mismo enfoque de elegir axiomas en un área de su disciplina que puedan aplicarse en todos los ámbitos, pero en lugar de usar la geometría, parten de una rama más abstracta de las matemáticas conocida como *teoría de conjuntos.*

Los pioneros de la teoría de conjuntos fueron, asimismo, y no por casualidad, los pioneros de las matemáticas del infinito: los alemanes Georg Cantor y Richard Dedekind, a quienes conocimos en el capítulo 10. La teoría de conjuntos nació debido a su capacidad de manejar tanto números finitos como infinitos. Y hace justamente lo que su nombre indica: ofrecer una teoría de conjuntos, esto es, de colecciones de objetos, que pueden ser números, letras del alfabeto, planetas, habitantes de París, conjuntos de conjuntos o cualquier otra cosa que acertemos a imaginar. En el mundo de las matemáticas, existe libertad absoluta para elegir los axiomas que apuntalan las múltiples formas posibles de la teoría de conjuntos. Lo que sucede es que la más empleada en la actualidad por los matemáticos, por lo bien que suele funcionar, es la denominada *teoría de conjuntos de Zermelo-Fraenkel.* Esta teoría incorpora un axioma especial adicional, conocido como *axioma de elección*, y el paquete completo se designa con frecuencia como *teoría ZFC.* Muchos de los axiomas en la ZFC son obvios y se explican por sí mismos, como, por ejemplo, «dos conjuntos con los mismos elementos son idénticos». Pero el *axioma de elección* (AE) es un asunto más espinoso. De hecho, se ha catalogado como el axioma más controvertido desde el postulado de las paralelas de Euclides.

En términos sencillos, el AE dice que, dada cualquier colección de conjuntos, siempre es posible elegir exactamente un único miembro de cada conjunto para formar un nuevo conjunto. Eso parece evidente en las situaciones cotidianas. Por ejemplo, se podría escoger a una persona de cada país del mundo y reunirlas a todas en una misma sala. El problema es que no resulta obvio cómo hacer tal cosa si existen infinitos conjuntos de tamaño infinito. En una situación semejante, puede que no haya ningún modo definido de efectuar la selección, y que el axioma de elección empiece a parecerse más a una imposición arbitraria que a un enunciado con el que todo el mundo puede estar de acuerdo. Dicho esto, la mayoría de los matemáticos actuales lo aceptan de buen grado, pues es necesario para la demostración de muchos teoremas importantes. Asimismo, conduce a ciertos resultados que, a primera vista, parecen totalmente escandalosos. Uno de ellos es la paradoja o descomposición de Banach-Tarski, que presentamos en el capítulo 9 y que insiste en que es posible cortar una bola en un número finito de partes y luego reorganizar las partes para formar dos copias de la misma bola y duplicar de este modo el volumen original. El corte solo puede efectuarse en un sentido abstracto (matemáticamente), no en la vida real. Pero sigue sonando más a magia que a matemáticas. Ahora bien, con el axioma de elección en vigor, es posible considerar los trozos intermedios de la bola descompuesta como si fueran nubes desconectadas sin volumen definido, y volver a montarlas con el doble (o, para el caso, con un millón de veces) de su volumen inicial.

Dado que los matemáticos son libres de elegir cualquier conjunto de axiomas que deseen y que mejor sirva a sus propósitos, parece que podrían acabar escogiendo un conjunto que permita demostrar *cualquier* enunciado matemático válido a partir de dichos axiomas. En otras palabras, con los axiomas adecuados en vigor, debería ser posible demostrar cualquier cosa que sea matemáticamente verdadera. Destacados teóricos de principios del siglo XX no veían motivos para dudar de esto y fueron activamente en busca de un sistema matemático cuya completitud pudiese demostrarse. Sobresale entre ellos el alemán David Hilbert, célebre por muchos desarrollos de la matemática moderna y por una lista de lo que él consideraba los veintitrés problemas no resueltos más importantes de su tiempo. En 1920, propuso un proyecto para demostrar que todas las matemáticas se originan en un sistema correctamente elegido de axiomas, y que es posible demostrar que un sistema semejante no contiene inconsistencias. Una década después, esa ambición quedó hecha trizas gracias a la obra del matemático, lógico y filósofo austriaco (y posteriormente estadounidense) Kurt Gödel.

En 1931, varios años antes de dejar Austria para incorporarse al Instituto de Estudios Avanzados de Princeton, donde trabaría una estrecha amistad con Albert Einstein, Gödel publicó dos teoremas extraordinarios e impactantes: su primer y segundo teorema de incompletitud. En resumidas cuentas, el primero de estos teoremas demostraba que cualquier sistema matemático lo suficientemente complejo para incluir la aritmética ordinaria (del tipo de la que aprendemos en la escuela) nunca puede ser al mismo tiempo completo y consistente. Si un sistema es completo, eso significa que todo cuanto contiene puede ser, o bien demostrado, o bien refutado. Si es consistente, eso significa que ningún enunciado puede ser tanto demostrado como refutado. De forma inesperada, los teoremas de incompletitud de Gödel revelaron que, en cualquier sistema matemático (aparte de los realmente simples), siempre habrá cosas verdaderas cuya verdad no pueda demostrarse. Estos teoremas de incompletitud son análogos en ciertos aspectos al principio de incertidumbre en física, toda vez que ponen de manifiesto límites fundamentales a lo que podemos conocer. Y, al igual que el principio de incertidumbre, resultan frustrantes e inhibitorios, ya que muestran que la realidad, incluida la realidad puramente intelectual, se comporta de formas que nos impiden ser omniscientes acerca de todo cuanto tratamos de penetrar con nuestra mente. Para decirlo sin rodeos, la verdad es un concepto más poderoso que la demostración, que, especialmente para el matemático, es un anatema.

La obra de Gödel y sus asombrosas conclusiones solo se tornaron posibles una vez que los matemáticos y los lógicos reconocieron la necesidad de formalizar los sistemas matemáticos apuntalándolos con conjuntos de axiomas bien definidos. Euclides había señalado el camino hacia este enfoque en la Grecia antigua. Pero solo con el desarrollo de la teoría de conjuntos y la lógica matemática, en la segunda mitad del siglo XIX, pudo el proceso de formalización devenir riguroso y hacerse extensivo a *cualquier* sistema matemático imaginable. En el caso de la aritmética que aprendemos en la escuela (la aritmética que se ocupa de los números naturales, 0, 1, 2, 3...), fue Giuseppe Peano quien ofreció una fundamentación axiomática que todavía utilizan, sin apenas variaciones, los matemáticos actuales. Algunos enunciados de la aritmética ordinaria, como «2 + 2 = 4», parecen tan evidentes que cuesta ver por qué necesitan ser demostrados, pero lo cierto es que lo necesitan. Por el mero hecho de que nos resulten familiares desde pequeños no podemos asumir que puedan darse por sentados. En la aritmética de Peano resulta sencillo demostrar enunciados tales como «2 + 2 = 4», una vez que 2 y 4 se expresan de una forma más generalizada, como SS0 y SSSS0, donde S indica el «sucesor» de un número. Asimismo, se vuelve fácil refutar enunciados tales como «2 + 2 = 5», pero, como cabría esperar, resulta imposible refutar «2 + 2 = 4» o demostrar «2 + 2 = 5». La aritmética de Peano no sería muy útil si solo pudiera manejar cosas básicas de este tenor. Su poder dimana de su capacidad de ocuparse de enunciados mucho más complejos sobre la aritmética, y los matemáticos pensaban en un principio que todos y cada uno de estos enunciados podían demostrarse o refutarse, dado el tiempo suficiente. Lo que Gödel demostró en su primer teorema fue que, de hecho, esto no era cierto.

A título de ejemplo, escogió un enunciado concreto de la aritmética de Peano que no podía ser ni demostrado ni refutado desde el seno de dicha aritmética. Mostró que, si puede demostrarse, entonces es falso (y puede refutarse), y si puede refutarse, también puede demostrarse. De cualquier forma, la aritmética de Peano, si es completa, se revela inconsistente. Podríamos tratar de adoptar una posición de repliegue, relajar la necesidad de completitud y exigir únicamente la demostración de que la aritmética de Peano, o cualquier otro sistema, es consistente. Pero el segundo de los teoremas de incompletitud de Gödel echa por tierra incluso esta idea, al mostrar que cualquier demostración de que un sistema es consistente (desde el seno de dicho sistema) muestra asimismo, automáticamente, justo lo contrario: que es inconsistente. No obstante, no todos los matemáticos están convencidos de que, en lo que atañe a la consistencia, Gödel haya dicho la última palabra.

El hallazgo de una demostración de que los axiomas de la aritmética son consistentes fue incluido por David Hilbert en 1900 en el segundo puesto de su famosa lista de problemas no resueltos (por entonces). En 1931, Gödel pareció echar por tierra toda esperanza de que fuera posible tal cosa. Pero entonces, tan solo unos años más tarde, en 1936, el matemático y lógico alemán Gerhard Gentzen, que fue ayudante de Hilbert en Gotinga entre 1935 y 1939, publicó un artículo en el que demostraba que la aritmética de Peano era consistente; a primera vista, una conclusión exactamente opuesta a la de Gödel. A diferencia de Gödel, sin embargo, Gentzen no trató de demostrar la consistencia de la aritmética de Peano partiendo de la propia aritmética de Peano. En lugar de eso, recurrió a las propiedades de ciertos números ordinales y, en particular, de un ordinal muy grande (con el que nos topamos con anterioridad en el capítulo 10), que Cantor había denominado épsilon cero (ε_0). Tan colosal es este número que la aritmética de Peano no puede describirlo. Sin embargo, como descubrió Gentzen, puede utilizarse para expresar y demostrar enunciados que la aritmética de Peano es incapaz de demostrar y, en particular, la propia consistencia de la aritmética de Peano.

Los métodos de Gentzen pueden ampliarse para demostrar la consistencia de numerosos sistemas, siempre y cuando pueda construirse un número ordinal lo suficientemente grande. De hecho, todos los sistemas matemáticos resultan tener cierta «fuerza ordinal» que determina qué ordinales puede expresar el sistema y cuáles no. Por ejemplo, la fuerza ordinal de la aritmética de Peano es ε_0, lo cual significa que la aritmética de Peano puede expresar cualquier ordinal inferior a épsilon cero, pero no el propio épsilon cero. Los sistemas más grandes y englobantes poseen fuerzas ordinales mayores. En el caso de la teoría ZFC, la fuerza ordinal se desconoce. Lo que sí sabemos, gracias a Gentzen, es que la ZFC puede aumentarse con ciertos axiomas, denominados *axiomas de cardinales grandes*, para describir los cardinales que exceden con creces lo que la ZFC es capaz de expresar, y generar sistemas más potentes todavía, con fuerzas ordinales mayores (pero de nuevo desconocidas).

Los matemáticos siguen divididos en lo que atañe al segundo problema de Hilbert: encontrar una demostración de que la aritmética es consistente. Algunos son partidarios de la solución negativa de Gödel (que es imposible hallar jamás una demostración semejante), en tanto que otros se inclinan por la demostración positiva parcial de Gentzen. En cualquier caso, la cuestión no afecta al mensaje central de los teoremas de Gödel, que es que, trabajando *desde el interior* de un sistema matemático dado (como la aritmética de Peano o la ZFC), pueden formularse ciertos enunciados que son indecidibles. Podemos ser capaces de razonar sobre un sistema desde un sistema diferente con el fin de demostrar o refutar estos enunciados (como hizo Gentzen al considerar una forma simple de aritmética aumentada por los números ordinales), pero seguiríamos sin saber si *ese* sistema era consistente a menos que lo aceptásemos sin más.

Durante los tres decenios que siguieron a la publicación de los teoremas de incompletitud a comienzos de la década de 1930, se conocieron pocos ejemplos de enunciados indecidibles, aparte de algunos sumamente artificiosos, como los empleados en la propia demostración de Gödel. Luego se produjo un avance fundamental en una idea que venía preocupando a los matemáticos desde que Cantor la concibiera en 1873. Esta idea era la hipótesis del continuo (HC), que presentamos en el capítulo 10. La HC afirma que álef uno ($\aleph_1$), la cardinalidad del conjunto de los números ordinales contables, es igual a la cardinalidad del conjunto de los números reales, lo cual significa que existen tantos números reales (o puntos en una línea) como ordinales contables. Si la HC fuera verdadera, entonces no existiría ningún conjunto con una cardinalidad entre la de los números enteros y la de los reales. El propio Cantor fue incapaz de demostrar tal cosa, pese a intentarlo con denuedo durante buena parte de su vida, lo que tal vez contribuyese a su inestabilidad mental posterior. Tan importante lo consideraba Hilbert, que lo mencionó en el primer puesto de sus veintitrés grandes problemas. Hubo que aguardar hasta 1963, gracias a los trabajos del matemático estadounidense Paul Cohen, para clarificar el estatus de la HC, si no resolverla por completo. Cohen demostró que, desde dentro de los límites de la ZFC (¡que no son tan limitantes!), la base axiomática más ampliamente utilizada de la matemática moderna, la hipótesis del continuo es indecidible. Descubrió que es posible proponer dos conjuntos diferentes de axiomas que contengan todos los axiomas de la ZFC y sean consistentes en sí mismos, en uno de los cuales la HC sea verdadera y en el otro, falsa. En pocas palabras, desde el interior de la ZFC podemos tanto demostrar como refutar la HC, dependiendo de las reglas adicionales que elijamos. En la ZFC sin axiomas adicionales, no es posible ninguna de ambas cosas.

Incluso dentro de las matemáticas euclidianas, que son mucho más simples, surge esta clase de indecidibilidad, como hemos visto. Muchos de los primeros teoremas de Euclides, incluidas todas sus veintiocho primeras proposiciones, no hacen uso de su quinto postulado, el referido a las líneas paralelas que nunca se cortan. Estos teoremas pertenecen a un sistema que conocemos como *geometría absoluta*: una geometría basada en el sistema axiomático de la geometría euclidiana, en el que se ha eliminado el quinto postulado. En la geometría absoluta, el teorema de Pitágoras es indecidible, porque en la geometría euclidiana es verdadero, mientras que en la geometría no euclidiana, que también se basa en los axiomas de Euclides —pero sin el postulado de las paralelas, como en la geometría hiperbólica—, es falso. Análogamente, hay axiomas tales como los del denominado *forzamiento (forcing)* de axiomas que, si se añaden a la ZFC, permiten refutar la HC, y otros, como el axioma de los modelos internos, que, si se añaden a la ZFC, permiten demostrar la HC. La conclusión es que, dados los métodos actuales, cabe demostrar que la HC es irresoluble. Esta hipótesis no puede resolverse ni tan siquiera con las herramientas de la actual teoría de conjuntos, que son tan potentes que cubren todas las matemáticas existentes. Ahora bien, las matemáticas continúan evolucionando y expandiéndose, y persiste la esperanza de que, mediante el empleo de nuevas técnicas, como los axiomas de cardinales grandes, se encuentre próximamente una solución.

La afirmación más célebre de las matemáticas que (hasta fechas recientes) carecía de demostración es el último teorema de Fermat. No es un nombre muy apropiado, pues ni es el último teorema en el que trabajó el matemático francés Pierre de Fermat ni era en absoluto un teorema en el momento en que este lo propuso. En obras anteriores se designa más acertadamente como *conjetura de Fermat*. El calificativo de *último* teorema responde al hecho de que fuese descubierto treinta años después de su muerte por su hijo Samuel, garabateado en el margen de un libro de la colección de Pierre: la *Aritmética* de Diofanto. La tesis de Fermat es bastante fácil de enunciar: no hay soluciones en los números enteros para la ecuación $x^n + y^n = z^n$ para valores de n mayores que 2. Si n es igual a 2, entonces hay infinitas soluciones, por ejemplo $3^2 + 4^2 = 9 + 16 = 25 = 5^2$. Pero no existe ninguna solución, insistía Fermat, si n es igual o mayor que 3. «Yo tengo una demostración verdaderamente maravillosa de esta proposición —escribió (en latín)— que no cabe en este estrecho margen.»

Ahora bien, Fermat fue un gran matemático, no propenso al

error. No se ha encontrado error alguno en ninguna de las demostraciones que publicó. Su única conjetura posteriormente refutada es una para la cual nunca presumió de tener una demostración. ¿Estaba bromeando en su críptico comentario? ¿Era esta su forma de retar a los matemáticos contemporáneos y futuros para que propusiesen una demostración? ¿O acaso estaba enunciando un hecho cuando dijo que tenía una demostración, pero que no disponía de espacio para escribirla? La historia sugiere que esta última opción no era cierta, ya que, pese a los numerosos esfuerzos, en los siglos subsiguientes nadie fue capaz de proponer una demostración razonablemente corta. De hecho, no fue hasta 1995, 358 años después de que Fermat escribiese su tentadora nota, utilizando unas matemáticas inmensamente más avanzadas que las disponibles en el siglo XVII, cuando la conjetura de Fermat se elevó finalmente al estatus de un teorema demostrado.

El mérito de la resolución del problema se le atribuye al matemático británico Andrew Wiles, que se había sentido fascinado

Pierre de Fermat (grabado).

por la afirmación de Fermat desde que tuvo noticia de ella en un libro de su biblioteca local, en su camino a casa desde la escuela cuando tenía diez años. Casi un cuarto de siglo más tarde, comenzó en serio a buscar una demostración, una búsqueda que le condujo a un área de las matemáticas conectada con las curvas elípticas y una proposición conocida como *conjetura de Taniyama-Shimura*, que había sido formulada por los matemáticos japoneses Yutaka Taniyama y Goro Shimura en 1957. Wiles anunció una demostración del último teorema de Fermat durante una conferencia en 1993, pero posteriormente se descubriría que esta contenía un error, y solo dos años después, cuando casi había renunciado a intentar solucionar el error, Wiles propuso finalmente una demostración impecable que zanjó el asunto de una vez por todas. Aunque el último teorema de Fermat es uno de los más célebres problemas matemáticos difíciles, en realidad no es tan importante para los matemáticos. Por ejemplo, no figura en la lista clásica de problemas no resueltos de Hilbert. Por otra parte, la conjetura de Taniyama-Shimura tiene resultados importantes, que conectan lo que parecen ser campos inmensamente diferentes de las matemáticas.

Demostraciones como la del último teorema de Fermat son difíciles porque son complejas y requieren avances verdaderamente inspiradores. Otras son arduas principalmente porque son laboriosas y precisan muchísimo tiempo. El denominado *teorema de los cuatro colores*, que establece que cualquier mapa puede colorearse usando solamente cuatro colores, de forma que no haya dos regiones adyacentes del mismo color, apareció por vez primera en una carta de Augustus de Morgan, primer profesor de Matemáticas del nuevo University College de Londres, a su amigo, el matemático irlandés William Hamilton en 1852. Las restricciones del problema son que cada región del mapa ha de estar conectada, las regiones deben estar en el plano y dos regiones cualesquiera deben compartir efectivamente parte de una frontera para ser conectadas; un único punto no cuenta. Esto se revela realmente difícil de demostrar. Por lo que se refiere exclusivamente a la teoría no es nada fácil, pero el mayor problema es el número de posibilidades diferentes que es preciso comprobar. Finalmente, tras más de un siglo de esfuerzos, los matemáticos, tras considerar todas las formas de dibujar mapas, habían reducido el número de configuraciones únicas a 1.936. Incluso esta cantidad resultaba excesiva para ser comprobada durante la vida de un ser humano o de un equipo de seres humanos, por lo que se utilizaron ordenadores para hacer los cálculos numéricos. En 1976, el teorema de los cuatro colores fue demostrado finalmente por Kenneth Appel y Wolfgang Haken, de la Universidad de Illinois, y comprobado de nuevo mediante diferentes programas y ordenadores.

A pesar de que Appel y Haken se esmeraron en la verificación de su resultado, ciertos matemáticos y filósofos protestaron aduciendo que la demostración mediante la máquina, o bien no era legítima, o bien no era fiable, pues no podía ser verificada manualmente por los humanos. Este debate acerca del uso de los ordenadores para demostrar teoremas sigue coleando, entre las preocupaciones por la posible falsedad de los resultados si un ordenador funciona mal o existe algún error en el *software* que ejecuta. Pero, por pura necesidad, este enfoque se está volviendo más común y aceptable conforme pasa el tiempo. Un desarrollo reciente, que tranquiliza hasta cierto punto a los escépticos, es la aparición de los asistentes de demostración por ordenador, que son programas capaces de formatear demostraciones y revisarlas para detectar errores.

Un área de las matemáticas célebre por necesitar demostraciones monstruosamente largas es la teoría de Ramsey, cuya esencia es que si coloreamos los miembros de cualquier conjunto, es imposible evitar la aparición de ciertos patrones. Uno de los problemas de la teoría de Ramsey se conoce como *ternas pitagóricas booleanas*. El problema pregunta si es posible colorear cada uno de los números enteros positivos de rojo o de azul, de manera que ninguna terna pitagórica de enteros a, b, c, que satisfagan $a^2 + b^2 =$

c^2, esté formada por números del mismo color. En mayo de 2016, Marijn Heule, Oliver Kullmann y Victor Marek mantuvieron operando durante dos días uno de los ordenadores más rápidos del mundo, el Stampede del Texas Advanced Computing Center, en Austin, y probaron, en una demostración de doscientos terabytes, que es imposible colorear de esa manera. Para hacerse una idea de la longitud de la demostración, se ha calculado que una persona tardaría alrededor de diez mil millones de años (aproximadamente la vida del Sol) simplemente en leerla, y mucho más en verificarla. En el futuro es probable que surjan demostraciones más largas todavía. Un candidato posible es el teorema de Ramsey para $n = 5$. Sabemos que, dados cuarenta y nueve vértices de un grafo, si coloreamos las aristas de uno de dos colores diferentes, tenemos la garantía de que habrá cinco vértices tales que todas las aristas entre ellos serán del mismo color. Asimismo sabemos que esto no sucede con cuarenta y dos vértices, pero el hallazgo de una demostración del número mínimo supone un reto para los matemáticos pertrechados con una capacidad computacional aún mayor.

* * *

En contra de lo que pueda parecer en ocasiones, las matemáticas suponen una aventura interminable por los lugares más extraños y salvajes jamás visitados por el intelecto humano. Tendemos a considerarlas ordinarias y banales porque hunden sus raíces en lo familiar, en simples números y formas. Empezaron siendo la herramienta del comerciante, del agricultor, del constructor de templos y pirámides, de los primeros observadores de las estaciones y los cielos. Pero no tienen nada de ordinarias. Impregnan todos los aspectos de la realidad en la que estamos inmersos, formando una infraestructura invisible tras el comportamiento de todo cuanto nos rodea, desde la partícula más pequeña hasta el universo en su conjunto.

Gran parte del tiempo, vivimos nuestra vida en la creencia de que lo que vemos y experimentamos a diario es normal y corriente. Pero no lo es en absoluto. Estamos hechos de átomos cuyos núcleos, en su mayor parte, se fusionaron en los núcleos de estrellas gigantes: estamos casi literalmente formados por polvo estelar. Por tanto, cuando contemplamos el cielo nocturno, vemos el lugar del que en última instancia procedemos. Nuestra existencia cotidiana depende de la luz solar captada por las sustancias químicas de organismos que evolucionaron a partir de criaturas más simples, surgidas de algún modo en la superficie de un mundo joven y desolado. Todo el espaciotiempo que nos rodea surgió espontáneamente a partir de un punto inimaginablemente diminuto hace unos catorce mil millones de años, y hoy se precipita hacia un futuro aún por determinar. El 95 % de la materia y la energía del universo tienen la forma de materia oscura y energía oscura, cuya naturaleza sigue siendo misteriosa. Y toda esta actividad y este despliegue extraordinarios, desde la escala submicroscópica hasta la cósmica, están guiados por la mano invisible de las matemáticas.

En ciertas ocasiones descubrimos que algún aspecto de las matemáticas, desarrollado como un fin en sí mismo sin pensar en su eventual utilidad, es el resultado de describir con una precisión extraordinaria cómo se comportan los materiales bajo determinadas condiciones, o qué les sucede a las partículas subatómicas cuando chocan a una velocidad próxima a la de la luz. Extravagantes excursiones por enrevesadas topologías, dimensiones superiores y paisajes fractales encuentran aplicaciones prácticas en tecnología, física, química, astronomía y música. El propio latido de nuestro corazón, la enrevesada estructura de nuestros pulmones, la activación de nuestras sinapsis con cada pensamiento —incluidos los que estamos teniendo en este preciso instante—, están guiados por ecuaciones y pautados por la lógica matemática.

A veces podemos pensar que las matemáticas están desconectadas del mundo real, pero están aquí y ahora, presentes en todo cuanto vemos y hacemos. Asimismo, a veces podemos sentir que nuestra vida es rutinaria y prosaica. Sin embargo, lo cierto es que estamos en el centro de algo extraordinario, y detrás de todo este sensacional derroche de creación están la maravilla y la extrañeza de las matemáticas.

AGRADECIMIENTOS

Nuestra gratitud hacia Agustín Rayo del MIT, Adam Elga de la Universidad de Princeton, Winfried Hensinger de la Universidad de Sussex y Andrew Barker, por su lectura de partes del manuscrito y por sus consejos. Damos las gracias a nuestro editor, Sam Carter, y al asistente del editor, Jonathan Bentley-Smith, de Oneworld, así como a todos los talentosos colaboradores en el diseño y la producción, que han contribuido a llevar a buen término este libro. También nos gustaría expresar nuestro agradecimiento a T. J. Kelleher, Carrie Napolitano, Hélène Barthélemy y al resto del equipo de Basic Books que ha trabajado en la edición estadounidense.

Agnijo desea dar las gracias a Hannah Young, Yvonne O'Brien y Helen Treece, tres profesoras que le han inspirado y motivado en todo momento, y a todo el profesorado de la Grove Academy de Broughty Ferry por su estímulo. Su agradecimiento va dirigido sobre todo a su madre, a su padre y a su hermano menor, por su apoyo constante.

Como siempre, David ha contado con el respaldo y la paciencia infinita de su mujer, Jill, y de sus hijos y nietos. Asimismo, siempre estará agradecido a sus padres por todo lo que hicieron por él.

Para más rarezas matemáticas, puedes visitar
<weirdmaths.com>